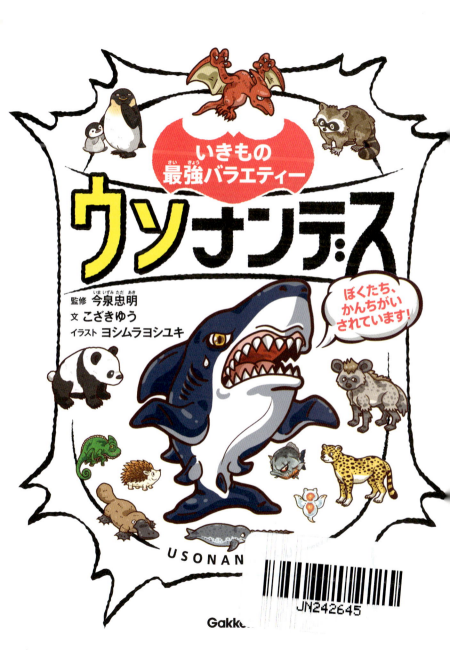

はじめに

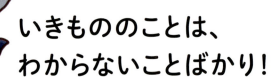

いきもののことは、
わからないことばかり！

　「ウソナンデス」というタイトルですが、この本にはウソが書かれているわけではありません。むかしから人間というものは、人の話を終わりまで聞かないで、深く考えもせずに勝手に決めつけてしまうことがよくありました。そんなそそっかしい話はいきものを研究する世界でもいろいろあって、時には大騒ぎになったこともあります。ただ、かんちがいしたまま研究していて、とんでもない大失敗をしても、なおもそれを恐れずに面白がって研究し続けたら真実

の発見にいたった、ということがあったのも事実です。いきものの研究は、かんちがいのつみかさねで進んできたといってもよいでしょう。

　今、インターネットの時代でさまざまな情報が入り乱れていますが、何が本当で何が「ウソ」なのか、見きわめるのも難しくなっています。「ウソ」から学ぶことはたくさんあります。先人たちのかんちがいの例を知れば、きっと科学的な判断力、理論的な考え方が養えると思います。

動物科学研究所所長
今泉忠明

もくじ

2 はじめに
4 もくじ
8 この本の見方
10 ある日のウサ耳新聞社

第1章 ウソナンデス
～そのかんちがい、まった！～

14 **ホホジロザメ**
人間をねらっておそう
と思われているけど…

16 **ピラニア**
とにかくどう猛な
「アマゾンの人食い魚」？

18 **オシドリ**
いつも夫婦でなかよくいっしょと
いわれるけど

20 **ブチハイエナ**
えものを横取りするひきょうな動物…？

22 **ウシ**
赤い布で闘争心が
かきたてられているだって？

24 **コラム** 不死身というのはウソナンデス
～死ににくいいきもの座談会～

26 **イエネコ**
大好物は魚だと思ってない？

28 **ジャイアントパンダ**
ササしか食べないだって？いや～

30 **トラ**
「ねこ舌」なのはネコだけだ
と思っていない？

32 **イノシシ**
ダッシュしたら直進しかできない？

34 **カメレオン**
まわりにあわせて色を変える
と思いきや…

36 **インドコブラ**
ヘビつかいのふえの音で
おどっている？

38 **ナメクジ**
塩をかけると、とけてなくなる
といわれるけど

40 **コラム** むしろウソナンデス！
～だましてます！座談会～

42 **マンボウ**
すぐ死ぬ「最弱の生物」だって！？

44 **アカウミガメ**
産みの苦しみで
なみだを流す感動の場面？

46 **スカンク**
スカンクはきょうれつなおならで
敵をひるませる！

48 **ヒグラシ**
セミの命はわずか1週間
といわれますが…

50 **ヒグマ**
クマにであったら
死んだふりをすればOK？

52 ラクダ
ラクダのこぶには水がたくわえられている?

54 アライグマ
水があれば食べものを洗うから
アライグマ…

56 ナミチスイコウモリ
コウモリはみんな血を吸うと
思っていない?

**58 コラム ちがう動物というのは
ウソナンデス!
～実は同じなかま座談会～**

60 オオアルマジロ
アルマジロはみんなまるくなれる
と思ってない?

62 カモシカ
すらりとしたあしを
「カモシカのようなあし」というけれど

64 モグラ
モグラは太陽の光をあびると死ぬ?

66 フクロウ
首をぐるぐる360度回せるだって?

68 ウツボカズラ
食虫植物は虫や小動物が必要?

70 ヨタカ
夜、目が見えないことを
「鳥目」というけど

**72 コラム かんちがいしてそうクイズ
ウグイスはどっち?**

第2章 チガウンデス
～そのイメージは、ちがうかも?～

74 カバ
実はめちゃめちゃ気があらいんです

76 チーター
長距離走は苦手なんです

78 ライオン
狩りをするのはメスなんです

80 ゴリラ
意外とちがってる!?
ゴリラものまね講座

82 ペンギン
実はおれたち、あしが長いんだ!

84 ハイイロオオカミ
「一匹狼」は、ただなかまはずれなんです

86 イリエワニ
こう見えてちゃんと子育てします

88 キリン
ケンカは激しいです

90 ブタ
実はとてもきれい好きです

**92 コラム にているけどチガウンデス!
～そっくりさん見分け方講座～**

94 シャチ
海の生態系の頂点!
海のギャングです

96 ホッキョクグマ
実は地はだは真っ黒なんです

- 98 **クリオネ**
  食事のときは悪魔になります
- 100 **イカ**
  あ、そこ頭じゃなくからだですから！
- 102 **ナマケモノ**
  激しくからだを動かすと、死にます！
- 104 **マッコウクジラ**
  水中では呼吸できません！
- 106 **ツバメ**
  巣がおいしいのはオオアナツバメだ
- 108 **コラム** チガウンデス 意外に肉体派です
  ～かわいいギャップ座談会～
- 110 **イッカク**
  角と思いきや長い歯なんです
- 112 **アメンボ**
  おぼれることがあります
- 114 **シマリス**
  冬眠しますが…実はたまに起きるんです
- 116 **アリ**
  2割はサボってます
- 118 **ハリセンボン**
  針が千本ありそうだけど…
  さすがにそんなにはありません
- 120 **フグ**
  この毒、生まれつきじゃないんです
- 122 **ムカデ**
  ぼくらは昆虫ではありません！
- 124 **コラム** かんちがいしてそうクイズ
  キリンの首のレントゲンはどっち？

第3章 チガッタンデス
～名前の由来は、かんちがい～

- 126 **シロアリ**
  アリではなくゴキブリのなかまです！
- 128 **ハリネズミ**
  モグラのなかまだってばよ！
- 130 **タラバガニ**
  タラバはカニのなかまじゃないんです
- 132 **コラム** 悲劇のチガッタンデス
  ～かんちがいの悲劇講座～
- 134 **シロサイ**
  名前の由来は色のちがいじゃない！
- 136 **ゴキブリ**
  名前は明治時代に変わりました！
- 138 **ブッポウソウ**
  鳴き声は別の鳥のものだった！
- 140 **トウキョウトガリネズミ**
  東京でくらしていないんです！
- 142 **インドリ**
  「あれを見て」が名前になりました
- 144 **コラム** まだいます、チガッタンデス！
  サルじゃない、ブタじゃない

第4章 恐竜のウソナンデス
~大切なのは、かんちがいのつみかさね!!~

146 トリケラトプス
恐竜の色、実は想像なんです!

148 イグアノドン
するどい親指が特徴ですが…
最初は角でした!

150 ティラノサウルス
すがたの想像図が安定しません!

152 ステゴサウルス
板の並び方、いろいろ想像されました

154 パキケファロサウルス
首が弱くて、
頭をぶつけあえませんでした

156 オヴィラプトル
「卵どろぼう」と名づけられましたが…

158 プテラノドン
翼竜、首長竜は
恐竜じゃないんです

160 コラム かんちがいしてそうクイズ
「シカに注意」の標識の絵、
日本のシカはどっち?

第5章 イタンデス
~ウソだと思われたいきもの発見物語~

162 カモノハシ
つくり物だとかんちがいされました

164 コモドオオトカゲ
伝説のドラゴンだとさわがれました…

166 ジャイアントパンダ
なかなか新種と
認められませんでした

168 コビトカバ
本当はいない動物と
思われていました…

170 シフゾウ
一度は絶滅したと思われた珍獣です

172 これからもウソナンデスはつづく!
174 さくいん

この本の見方

証言者
かんちがいを
うったえる
いきものです。

再現イラスト
いきもののうったえをイラストにしています。
1章では「かんちがいされている、ウソのすがた」
2章では「意外な本当のすがた」
3章では「かんちがいで名前がついた場面」や
「名前に関連した場面」
4章では「恐竜のうったえに関連した場面」
をそれぞれえがいています。

基礎知識
証言者についてのデータです。
[おもな大きさの表し方]
全長：頭から尾（尾びれ）の先までの長さ
体長：尾（尾びれ）のつけねまでの長さ
体高：立ったときの地面から肩までの高さ
甲幅：甲らのはば
甲長：甲らの長さ

かんちがいされ度
そのいきものがどれくらい
かんちがいされがちかを
表しています。
☆が多いほど
かんちがいされがちです。

結論
いきものの
うったえを
まとめています。

登場人物

キャップ

ウサ耳新聞社のキャップ。ベテラン記者らしく、いきものに意外とくわしい。ダジャレ好きなのがたまにきず。

ウサ美

新人記者。好奇心おうせいだけど、思いこみがはげしかったり、ウサギは食べないはずの人間の食べものを食べたがることも。

いきものたち

人間にされがちなかんちがいをうったえに来たり、意外な一面を教えてくれたり、かんちがいで名前がつけられたエピソードを話してくれたり…。かんちがい、いくつ知っているかな?

ある日のウサ耳新聞社…

第1章

ウソナンデス
~そのかんちがい、まった!~

「よ〜し、話を聞いてくれ!」

いきものたちの記者会見がはじまった。人間たちがしている、たくさんの「かんちがい」とは、どんなものだろうか…? キャップとウサ美は、期待に胸をふくらませるのだった。

 「ウソナンデス」スタート!

証言者

ホホジロザメさん

人間をねらっておそうと思われているけど…✗

にんげん人間大好物♡

人間が好物なわけじゃない！

ホホジロザメ（ホオジロザメ）の基礎知識
- **分類** 軟骨魚類ネズミザメ目
- **分布** 世界中の暖かい海
- **大きさ** 全長6m

かんちがいされ度 ★★★★☆

第1章 ウソナンデス 〜そのかんちがい、まった！〜

ホホジロザメ

おれがうったえたいのは、**アザラシが大好物なのに人間をねらっておそうと思われていること**だ！ そのせいで毎日気分最悪だぜ！

キャップ

そうなんですか？ 時速50キロでせまり、するどい歯と強いあごで、人間をおそうんじゃないんですか？

ホホジロザメ

えものをとるときはそうだが…**別に人間を積極的におそいたいわけじゃない**んだ。

ウサ美

でも、映画なんかじゃ、人間をおそいまくっているよね！

ホホジロザメ

映画のせいで、こわいイメージがついたな。だが、最初に言ったように、**おれの好物はアザラシやアシカ**だ。

ウサ美

じゃあ、好物でもない人間をおそうことがあるのはどうして？

ホホジロザメ

人間がバシャバシャ泳いでいると、**アザラシなどのえものとまちがえて、おそっちまう**んだ。そんなとき、血のにおいをかいだり、あざやかな色を見ると興奮しちまう。

キャップ

人間をねらっていたわけじゃないんですね。これからはまちがえないように、"ジョーズ"に食事してくださいね。

結論

人間をおそうことがあるのは、**アザラシなどのえものとの見まちがい**や、**血のにおいやあざやかな色で興奮してしまうから！**

証言者

ピラニアさん

とにかくどう猛な「アマゾンの人食い魚」?

実はかなりおく病なんです…

かんちがいされ度 ★★★★★

ピラニア（ピラニアナッテリー）の基礎知識
- **分類** 条鰭類カラシン目
- **分布** 南アメリカ（アマゾン川・オリノコ川）
- **大きさ** 体長 25〜40cm

第1章 ウソナンデス ～そのかんちがい、まった！～

そのすみっこにいるのは…キャッ！ **アマゾンのどう猛な肉食魚**、ピラニアさん！…でも、おどおどしてるわね。

ウサ美

ピラニア

そ、そうなんです。わたし、**ひとりだと不安になっちゃうくらい、こわがり**なんです。だから群れでくらすんです。

うそですよ。あなたは大群で、川に入ってきたいきものにおそいかかって、あっという間に骨にしますよね。**ナイフのような歯が、どう猛で危険な魚という証拠**です！

キャップ

ち、ちがいますよ。いきものが川に入ってきたら、ぎゃくにこわくてこわくて、パニクりのにげまくりです。

え？ じゃあ、川に入ったいきものも、あなたたちもパニックということ？ でも、おそいかかりますよね。

キャップ

それは…血のにおいをかぐと、群れ中、もうわけもわからなくなっちゃって、ついかみついちゃうんですよ。でも、その場を離れてもらえば、追いかけません。

ピラニア

ということは、ふつうはおそいかかってこないんですか。

キャップ

自分より大きないきものの話ですけどね。**小さな動物や死にかけなら、いただいちゃいます**けど…ニヤリ！

ピラニア

や～ん、わたしたちを見てニヤっとした～！ ゾゾ～…

ウサ美

結論

1匹でいられないほど、おく病な魚で、血のにおいをかぐとパニックをおこす。大きないきものはおそわないが、小動物なら食べる。

ウソナンデス認定

17

証言者 オシドリさん

いつも夫婦でなかよくいっしょといわれるけど ✕

「オシドリ夫婦」とはいきません…

かんちがいされ度 ★☆☆☆☆

オシドリの基礎知識
- 分類：鳥類カモ目
- 分布：東アジア、日本（東北以北、関東以西）
- 大きさ：全長41〜51cm

第1章 ウソナンデス 〜そのかんちがい、まった！〜

オシドリ

人間は、なかのいい夫婦のことを「オシドリ夫婦」っていうじゃない。あれ、けっこうめいわくなんだよね。

あれ？ オシドリのつがい（ペア）といえば、**いつもオスとメスがよりそい、なかよくくらしている**イメージよね。
ウサ美

それに、タカなどの天敵がおそってきたとき、オスはメスを守りますよね。まさに「オシドリ夫婦」！
キャップ

オシドリ

…メスといつもいっしょにいるのは、**つがいになれないオスにメスをとられないようにするため**。命がけで守るのも、せっかくつがいになったメスをうしなわないためさ。

ん？ ラブラブなわけじゃないんですか？
キャップ

オシドリ

いっしょにいるのは、**メスが卵を産むまでの話**さ。卵を温めたり、子育てしたりはしないね。しかも、**すぐにほかのメスにプロポーズしちゃうのさ。**

あああ、わたしのオシドリ夫婦のイメージが…
ウサ美

人間がつくった勝手なイメージだよ。**大切なのは、自分の子を多くのこすこと**。そのため、おれたちカモのなかまは、毎年恋の相手を変えるのさ。

グム〜。オシドリをかんちがいしていた"カモ"！
キャップ

結論

「オシドリ夫婦」なのは、
メスが卵を産むまで。
そのあと、オスは
子育てもしないし、
恋の相手は毎年変える。

証言者 ブチハイエナさん

えものを横取りする ひきょうな動物…？ ✕

実は狩りがうまいんです！

かんちがいされ度 ★★★★★

ブチハイエナの基礎知識
- **分類** ほ乳類ネコ目
- **分布** アフリカ（赤道付近の熱帯雨林をのぞいたサハラより南）
- **大きさ** 体長95〜166cm

第1章 ウソナンデス ～そのかんちがい、まった！～

おや、**ほかの動物のえものを横取りする**ひきょうな動物が、何をうったえたいんですか？

 キャップ

ブチハイエナ

それ、それ！ 横取りどころか、**群れで協力して、一生懸命、ヌーやレイヨウたちを狩っている**んだよ。

え〜、そうなの？ じゃ、なんで横取りしたり、ほかの動物の食べのこしなんかを食べてるの？

 ウサ美

ブチハイエナ

…えものをつかまえても、**ライオンのような大きくて強い動物に、うばわれちゃう**からだよ…。

食べのこしじゃなくて、本当は新鮮な肉を食べたい…と？

 キャップ

ブチハイエナ

当たり前だよ。歯とあごが丈夫だから、**食べのこしでも、骨ごと食べられる**んだけどね…。

しかたなしに…ってことだったの。苦労しているんだね。

 ウサ美

ここで誤解をとけてよかったですね。おくさんと狩りをして、子どもにもおいしい肉を食べさせてください！

 キャップ

ブチハイエナ

おくさん…って、わたし、メスだよ。**ハイエナはオスとメスが、見分けがつかないほどそっくり**なんだ。

や、それも誤解のひとつでした、失礼しました！

 キャップ

結論

ハイエナは群れで狩りをする。でも、えものを大きないきものにうばわれるから、しかたなく、横取りしたり、食べのこしを食べる。

21

証言者

ウシさん

赤い布で闘争心がかきたてられているだって?

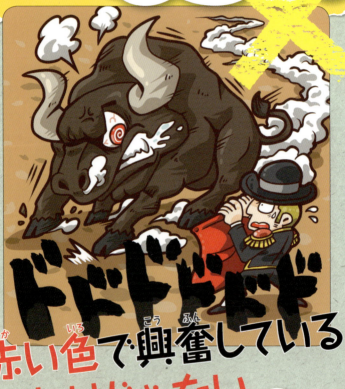

赤い色で興奮しているわけじゃない

かんちがいされ度 ★★★★★

ウシ（モルーチョ）の基礎知識
- 分類：ほ乳類ウシ目
- 分布：スペイン南部の在来種
- 大きさ：体重500〜700kg（5才以上）

第1章 ウソナンデス ～そのかんちがい、まった！～

ウシ

モ〜、やっとおれがかんちがいされていることをうったえられるわ〜。スペインの「闘牛」って知ってる〜？

闘牛士が赤い布をひらひらやって、それに興奮して突っこんでくるウシとたたかう競技ですよね。

キャップ

ウシ

ンモ〜、それそれ。実はおれ、赤い色に興奮しているわけじゃないんだ〜。だって、おれの目は色をほとんど見分けられないんだモ〜ん。

そうでした。色を見分けられるのは、人間やサルのなかまだけっていいますもんね。

キャップ

でも、闘牛のウシは布に向かっていくよね？

ウサ美

ウシ

目の前で布をゆらしたり、ひるがえされたりすると、何か変なものがあると思ってイライラして、闘争心がかきたてられちゃうんだモ〜。

それなら、布は青でも黄色でもいいってことなのね。

ウサ美

ウシ

いいや〜。赤い色にも意味はあるんだ〜。人間は赤い色が一番、興奮するらしいんだ〜。

ウシではなく人間を興奮させるためでしたか！ だから闘牛は"モ〜"りあがるのか。

キャップ

結論

闘牛のウシは布の赤い色に興奮しているわけではない。赤い色に興奮するのは人間のほう。

23

Column 不死身というのはウソナンデス 死ににくいいきもの座談会

座談会参加者

ダイオウグソクムシさん

クマムシさん

ベニクラゲさん

ダイオウグソクムシ: いきもののなかには、まるで**不死身じゃないかと思われがちなもの**がいる！　我々がそうだ！

クマムシ: 死なないと思われちゃうのは、わからないでもないけどね。だってきみは、**食べものを食べなくても生きられる**んでしょ。

ダイオウグソクムシ: ああ！　おれは食べものの少ない深海にすむから、**絶食に強い！**　三重県の水族館で飼われていたものは、6年ほど何も食べなくても死ななかった！

ベニクラゲ: すご〜い。でも、死ぬよね。

ダイオウグソクムシ: ああ！　水族館で飼われていたものも死んだ！　**水温の変化なんかにも弱い！**

クマムシ: ぼくもよくかんちがいされているよ。**水や食べものがなくても死なない**からね。

ダイオウグソクムシ: クマムシさんは生命力が超強いよね。**150度の高温やマイナス150度の低温でも生きられる**んだろ！

第1章 ウソナンデス 〜そのかんちがい、まった!〜

クマムシ

そうなんだ。空気のないところでも平気。そういう、ほかのいきものなら死んじゃう場所では、からだがたるのような形になって、仮死状態になって生きのびるんだ。

すご〜い。でも、死ぬよね。

ベニクラゲ

クマムシ

うん。ふつうに生きると寿命は1か月から1年しかない。そういうベニクラゲさんは、若返るんでしょ。

そ〜なの。おとなになって、さらに年をとると、また、「ポリプ」という赤ちゃんのような状態にもどるの。だから、寿命はないのよ。でも…。

ベニクラゲ

ダイオウ
グソクムシ

ほかのいきものに食べられれば…

ええ。もちろん、死ぬよね…。

ベニクラゲ

証言者 イエネコさん

大好物は魚だと思ってない？ ✗

魚もいいけど肉の方がいいにゃ

イエネコ
（ジャパニーズ・ボブテイル）
の基礎知識

分類 ほ乳類ネコ目
分布 原産国：日本
大きさ 体重約4kg

かんちがいされ度
★☆☆☆☆

第1章 ウソナンデス 〜そのかんちがい、まった！〜

イエネコ

わたしが言いたいのはにゃ〜、本当は**魚じゃなく、肉が好物**ってことにゃ。

キャップ

えっ、そうなんですか？

ウサ美

ネコといえば、魚が好きなんじゃないの？

イエネコ

実はにゃ、わたしらの先祖はもともと、**砂ばく地帯でネズミのような小動物を狩ってくらしていた**にゃ。それに、ネコのなかまの多くは、**水辺が苦手**にゃ。だから肉食なんだにゃ。魚も「魚の肉」ではあるけど…。

ウサ美

それなら水にすむ魚を狩ることもないよね。どうして、ネコの大好物は魚ってイメージになったの？

イエネコ

むかしの日本人は魚をよく食べていたわけにゃ。だから、**人間といっしょにくらすネコも魚を食べることが多くて、魚好きというイメージになったんだろう**にゃ…。

ウサ美

日本人に飼われて、魚をあたえられてきたからだったのね。肉をよく食べてきた国はどうなの？

イエネコ

もちろん、その場合は**ネコが好きな食べものも肉が当たり前**にゃ。

キャップ

ネコがネズミや小鳥をつかまえるのは、狩りの本能なのですね。

結論

ネコは本来、砂ばくでくらし、ネズミや小鳥、トカゲなどの<u>小動物を狩って食べてきた</u>。だから魚よりも<u>肉が好き</u>。

ウソナンデス認定

証言者

ジャイアントパンダさん

ササしか食べないだって？ いや〜 ✗

ぼく、ササ専門なんで

モモグク

ぼくも お肉が食べたいなぁ

かんちがいされ度 ★★★★★

ジャイアントパンダの基礎知識	分類	ほ乳類ネコ目
	分布	中国
	大きさ	体長120〜150cm

第1章 ウソナンデス 〜そのかんちがい、まった!〜

ジャイアントパンダ:
ぼくもお肉がめちゃめちゃ好き。お肉食べたいよ。

ウサ美:
ササとかタケノコが大好物なんじゃないの?

ジャイアントパンダ:
そう思うよね〜。ところで、おじょうさん、ササでもどう?

ウサ美:
いらない、いらない! かたいし、せんいも多いし、そんなもの食べられないわ。

ジャイアントパンダ:
でしょ〜。ぼくって、**もともと肉を食べるいきもの**なの。だからササを食べても、ほとんど消化できない。無理して食べるから、ときどきおなかも痛くなっちゃう。

キャップ:
そうか、ジャイアントパンダは、クマのなかまでしたね。どうして、**消化できないササを食べている**んですか?

ジャイアントパンダ:
クマみたいな強いいきものにすむ場所をとられて、山おくににげていったんだ。で、気がつけばまわりはササだらけ。それで、**ササを食べるものだけが生きのびた**ってわけ。

ウサ美:
そんな悲しい理由だったのね…ササを食べることで、せめて何かいいことでもあればむくわれるのに。

ジャイアントパンダ:
ササを食べているから、**うんちは緑色でいいにおい**だよ。

キャップ:
"う〜ん、ち"がう! それはいいことなんですか!?

結論

ジャイアントパンダは、本当はササよりも肉が大好物。でもすんでいる場所にササが多かったので無理して食べるようになった。

29

証言者 **トラ**さん
「ねこ舌」なのはネコだけだと思っていない?

動物はみんな「ねこ舌」なんです!

かんちがいされ度 ★★★★☆

トラの基礎知識
- **分類** ほ乳類ネコ目
- **分布** アジア中部〜南部
- **大きさ** 体長140〜280cm

第1章 ウソナンデス 〜そのかんちがい、まった!〜

トラ
分厚い肉なら食べたいが、熱い肉は食べたくない…

ひょっとして、「ねこ舌」なの？まぁ、**トラもネコのなかま**だもんね…。

ウサ美

トラ
そうなんだ。トラは、ねこ舌なんだよ。というか、**ネコに限らず動物はみんな熱いものが苦手**だ。

でも、動物でも、人間は熱いものを食べるよね。

ウサ美

トラ
それは**火を使って調理したものを食べるから、熱いものになれている**のだ。人間の赤ちゃんは熱いものが苦手だ。お前らウサギだって、熱いものが苦手なねこ舌だろ？

熱い食べものに"トラ"イしたことがないので自分の舌のことはわかりませんでした…。
ところで、どうして「ねこ舌」っていうんですかね？

キャップ

トラ
正確にはわからんが、**人間が古くから身近に飼っていた動物がネコだったから、ネコの舌にたとえた**のだろうな。

イヌも飼っていたのに、「いぬ舌」とはいわないよ。

ウサ美

トラ
イヌは外で飼われ、ネコは家の中で飼われていた。だから、熱い食べものをいやがるようすが、外にいるイヌより、家の中にいるネコのほうがよく見られたからかもな。

結論

ネコに限らず、<u>動物はみんな、熱い食べもの</u>が苦手な「ねこ舌」。

31

証言者

イノシシさん

ダッシュしたら直進しかできない？

まさかのジャンプもカーブもできます

かんちがいされ度
★★★★★

イノシシ（ニホンイノシシ）の基礎知識

分類	ほ乳類ウシ目
分布	本州、四国、九州
大きさ	体長120〜150cm

第1章 ウソナンデス 〜そのかんちがい、まった!〜

イノシシ
押忍! きみたちは知っているかね、「猪突猛進」という言葉を!

いきなり四字熟語ですね! 知ってます、**イノシシが突進することにたとえて、「向こう見ずに突き進む」**こと。

キャップ

イノシシ
そのとおり! だが、その熟語のせいで、**ジャンプやカーブができない**と思われて、わがはいはめいわくしとる! **突進してもジャンプやカーブは可能**である!

ひょっとして、止まったり、後もどりもできたりして…。

ウサ美

イノシシ
もちろん可能である!

ひえぇ〜、山でばったりであったら、めちゃこわ〜。

ウサ美

イノシシ
こわいのは、こっちのほうである! 人間なんかにいきなりであうと、**おどろきのあまりパニックになって、突っこんでいってしまう**のである!

その突進を止めることはできないんですか?

キャップ

イノシシ
うむ。傘を目の前でバッと開くのだ。視界がふさがって、おどろきのあまり、止まったりにげたりしてしまうからな!

直進しかできなかったら、そういう動きもできないですね。

キャップ

結論

イノシシは直進だけでなく、ジャンプもカーブもできるし、止まったり後もどりもできる!

ウソナンデス認定

33

証言者 カメレオンさん

まわりにあわせて色を変えると思いきや…

気分でも色が変わっちゃうんです

カメレオン（パンサーカメレオン）の基礎知識
- **分類** は虫類有鱗目
- **分布** マダガスカル北部など
- **大きさ** 全長37〜52cm

かんちがいされ度
★★★★★

第1章 ウソナンデス 〜そのかんちがい、まった！〜

キャップ: わ、カメレオンさん。いつからここにいたんですか!?

カメレオン: ずっと前からここにひかえていたでござる、ニンニン。

ウサ美: さすが「動物界の忍者」ね。景色にまぎれるようにからだの色を変えるなんて、まさに「色変わりの術」だわ。

カメレオン: それでござる。好きな色に変えるのではなく、明るさによって、まわりにとけこむ色に変わってしまうのでござる。

キャップ: 「変える」のではなく、「変わってしまう」のですか。

カメレオン: しかも、気分にも色は左右されるでござる。ケンカに勝てば、あざやかな色に、負ければくすんだ色に…。

キャップ: わかりやすいですね〜。

カメレオン: ほかにも、好きなメスの前では、緑色からあざやかな黄色になって猛アピールするでござるよ、ニンニン。

ウサ美: 気持ちをかくせないのね…でも、それはいつでも冷静で気持ちをかくす忍者とは、にてもにつかないわね。

カメレオン: 自分を「忍者」とはいちども言っていないでござるが…。

ウサ美: その口調は完全に忍者を意識してるわ、おい！

結論

カメレオンの色は変えているのではなく変わってしまう。気持ちによっても色が変わる。

第1章 ウソナンデス 〜そのかんちがい、まった！〜

インドコブラ

はぁ〜、ヘビつかいのショーはつかれるな...。おれには向いてないかもなあ。

キャップ

ショーって、ヘビつかいがふえをふいて、**その音でコブラさんがかごから出てきておどる**やつですよね。

ウサ美

ふえの音でおどるなんて、楽しそうだけどなあ。

インドコブラ

まぁ、見てる側は楽しいだろうし、友だちのなかには、楽しんでいるやつもいるかもしれないけどな。やってる側は大変なのよ。だいたいおれ、音がよくわからないし。

ウサ美

音が聞こえないの？

インドコブラ

地面から伝わる音（振動）はわかるけどさ、**空気中を伝わってくる音はわからない**な。

ウサ美

ふえの音でおどっていないなら、どうしておどるの？

インドコブラ

それもかんちがいだ。ヘビつかいがふえをふきながら、ふえを動かすだろ。それがおれには、**えものとか敵に見えちゃう。だから、頭を持ち上げて、おどしたり攻撃できる態勢をとってるだけ**なんだよ。

キャップ

攻撃態勢をとり続けるのは、たしかに大変そう。なかなか"ヘビー"ですね。

結論

コブラはふえの音でおどっていない。ふえの動きが気になって反応している。

ウソナンデス認定

証言者 **ナメクジ**さん
塩をかけると、とけてなくなるといわれるけど ✕

とけません。
ちぢむけど…

ナメクジの基礎知識
- **分類** 腹足類マイマイ目
- **分布** 日本各地
- **大きさ** 体長約6cm

かんちがいされ度 ★★★★☆

第1章 ウソナンデス ～そのかんちがい、まった！～

ナメクジ: あのさ、あのさ、言いたい言いたい、聞いて聞いて〜！

ウサ美: ナメクジさん…聞くから落ち着いて。ゆっくりしゃべって。

ナメクジ: ぼくさ、ぼくさ、塩をかけられると、どうなると思う？

ウサ美: えっと…**とけちゃうんじゃないの？**

ナメクジ: そう思うでしょ、でも、とけない、とけない！ 塩のほうが、ぼくのからだのぬめぬめの粘液でとけて、からだのまわりで、濃い塩水になっちゃうのさ。

キャップ: 塩をかけても大丈夫じゃないですか。

ナメクジ: でもね、でもね、ぼくのからだの中には、うすい塩水があるんだ。**まわりに濃い塩水があると、うすい塩水は濃い塩水にどんどんどんどんどんどん吸い出されちゃう。**

キャップ: つまり、**からだの中の水分がなくなって…ちぢむんですね！**

ナメクジ: そう、そう、でも**いっぱいかけられれば死ぬけど、少なければ死なないし、水をかければ元にもどるよ！** これ、砂糖でもコショウでも、塩よりいっぱいかけられれば同じ、同じ！ **とけるわけじゃなくて、ちぢむ、ちぢむ！**

ウサ美: …とけるわけじゃないけど、調味料には弱そうね…。

結論

ナメクジは塩でとけるわけではなく、水分がなくなり、ちぢんでしまう。

ウソナンデス認定

だましてます！座談会
むしろウソナンデス！

座談会参加者

 マタマタさん　 オポッサムさん　 ナナフシさん

マタマタ：今日は、「うそをつくいきもの」の代表として、われらが集まった。まあ、詐欺みたいなことをやってるいきものな。

オポッサム：おれ、サギじゃないぜ！　オポッサムだぜ！

マタマタ：詐欺だよ、詐欺！　鳥のサギじゃないよ。オポッサムさん、あんた、どういううそつきなの？

オポッサム：オポッサムは、生きているいきものをねらう敵におそわれたとき、死んだふりをして、自分の身を守るぜ。

マタマタ：死んだふりをしても、食われないの？

オポッサム：やっぱり死体は好まれないからな。ちなみに、死体のようなにおいまで出すなかまもいる！

マタマタ：においまで！　やるな〜。なかなかの演技派だな！

40

第1章 ウソナンデス 〜そのかんちがい、まった！〜

ぼくは、見た目そのまま、**木の枝にまぎれてしまうのさ。**まぎれてしまえば、鳥などの敵にも見つかりにくいんだ。

ナナフシ

マタマタ

なるほどな。お前ら、弱いからこそのうそつきなわけな。

さっきからなんだよ、えらそうに。

オポッサム

マタマタ

おれは、お前らとはちがう。強いからこそ、**かれ葉や岩にまぎれて身をかくす**んだ。そして、うっかり近づいてきたえものを、パクリと食っちまうのさ！

またまた〜。

ナナフシ

マタマタ

お前らも、まちぶせして食ってやろうか、グフフ…。

ま、またまた〜（ゾゾゾ〜）。

オポッサム

41

証言者 マンボウさん

すぐ死ぬ「最弱の生物」だって!?

そんなうわさ ひどいっすよ〜!

マンボウの基礎知識
- 分類 条鰭類フグ目
- 分布 世界の温帯〜熱帯の海
- 大きさ 体長3m

かんちがいされ度

第1章 ウソナンデス ～そのかんちがい、まった！～

マンボウ
「まっすぐしか泳げずに死ぬ」「寄生虫をとるためにジャンプして水面に当たって死ぬ」「太陽の光をあびると死ぬ」「近くにいたなかまが死ぬとショックで死ぬ」「寝ていたら陸に打ち上げられて死ぬ」…。

マンボウさん？　え？　え？　ぶつぶつ何言ってるの？

ウサ美

マンボウ
「食べた魚の骨がのどにつまって死ぬ」「水のあわが目に入ったストレスで死ぬ」「皮ふが弱く、傷で死ぬ」…。

死ぬ、死ぬって、めちゃこわっ！　なんなの？

ウサ美

マンボウ
…み～んなインターネットで流れてる、おいらの死ぬ原因だよ…。ほとんどデマだけどね…。

本当だったら、弱すぎです。とっくに絶滅しているでしょう。

キャップ

マンボウ
ストレスに弱くて水族館で飼うのがむずかしかったり、弱い面もあったりするけど…話がふくらみすぎだよ…。

3億個の卵を産むといいますが、そのわずかな生き残りだから、かんたんには死なないですよね。

キャップ

マンボウ
聞いてくれたお礼に、ひとつ面白い話をすると、若いマンボウで群れをつくることがあるよ。

マンボウさんの群れ…その光景、なんだかすごそう…！

ウサ美

結論

マンボウがすぐ死ぬという話のほとんどは、インターネット上で広まったデマ。気をつけよう！

アカウミガメさん
証言者

産みの苦しみでなみだを流す感動の場面？ ✗

え？ なみだ？
ああ、塩分のことね

アカウミガメの基礎知識
- 分類：は虫類カメ目
- 分布：太平洋、大西洋など
- 大きさ：甲長70〜100cm

かんちがいされ度

第1章 ウソナンデス 〜そのかんちがい、まった！〜

アカウミガメ:
やっと、わたしの番が来たわね。

ウサ美:
アカウミガメさん！ わたし、あなたのファンなの。テレビで見たけど、**夜に海から砂浜に上がって、なみだを流しながら卵を産む**すがた！ 超感動！

アカウミガメ:
フー、それに対して言いに来たのよ。あのねぇ、感動してくれたのに悪いけど、あれ、**なみだじゃないの**。

ウサ美:
ガーン！ 産みの苦しみのなみだかと…じゃぁ、何？

アカウミガメ:
塩分をふくんだ液体よ。わたしたち、ふだん、水分をとるために海水を飲んでいるの。このとき、飲んだ海水にふくまれていた余分な塩分は、目から出しちゃうのよ。

ウサ美:
そんな〜。どうして卵を産むときに、そんなまぎらわしいことをするのよ〜！

アカウミガメ:
あら、誤解しないで。産むときだけじゃないわよ。**海の中にいるときだって、いつも塩分を出しているの**。

キャップ:
海の中ではぬれているから、塩分をなみだのように出しても「だれも気がつ"カメ〜"」ってわけですね。

アカウミガメ:
ダジャレのセンスが悪すぎて、わたし、塩分じゃなくて、本当になみだが出そうだわ。

結論

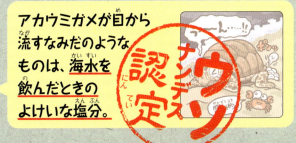
アカウミガメが目から流すなみだのようなものは、**海水を飲んだときのよけいな塩分**。

ウソナンデス認定

証言者

スカンクさん

スカンクはきょうれつな おならで敵をひるませる！

ピンチで出すのは おならじゃない

スカンク
（ヒガシマダラスカンク）
の基礎知識

分類　ほ乳類ネコ目
分布　北アメリカ〜中央アメリカ
大きさ　体長24〜34cm

かんちがいされ度
★★★★★

第1章 ウソナンデス 〜そのかんちがい、まった！〜

スカンク: YO! YO! へじゃないYO! YO! YO! へじゃないYO!

ウサ美: けいかいなリズムにのって、スカンクさん登場！

スカンク: Hey! おれ、スカンク、とくいなラップ〜。おしりはヒップ、ヒップから出るのはおなら、プ〜。

ウサ美: スカンクといえば、**敵もおそれるくさいおなら**よね。

スカンク: YO! YO! それまちがい！ **あれくさい液体！** おしりにある臭腺、そっからくさい液を出し！ おそいかかる敵もにげて、ぶじ、終戦！ yeah!

キャップ: えっと…スカンクのおしりには臭腺というものがあって、そこからくさい液体を出して、敵を追い払い、身を守っている、と。そういうことですね。

ウサ美: おならじゃなかったんだ…。

スカンク: Hey! ちなみにミニミニ、からだが小がら、ミニサイズのおれたちマダラスカンク！ **液体出すとき、さか立ちするけど、ほかのスカンク、さか立ちしないYO！** yeah!

ウサ美: ラップ、ややこしい。

キャップ: どうもラップは"好かんく"。

結論

スカンクが敵から身を守るために出すくさいにおいは、おならではなく液体。

ウソナンデス認定

証言者 ヒグラシさん

セミの命はわずか1週間 といわれますが…

幼虫期間をふくめると かなり長寿！

かんちがいされ度 ★★★★★

ヒグラシの基礎知識	分類	昆虫類カメムシ目
	分布	日本をふくむ東アジア
	大きさ	体長32〜39mm

第1章 ウソナンデス 〜そのかんちがい、まった！〜

ヒグラシ

カナカナカナ…セミは、1週間で死んでしまうといわれているけど、実はもっと長生きなのを知ってるカナ？

そうなの？　8日間とか10日間とか？

ウサ美

ヒグラシ

いやいや、もっとカナ〜。鳥などの敵におそわれなければ、**成虫になってから、3週間〜1か月**は元気いっぱい、鳴きまくるカナ。

いわれているより、**3〜4倍も寿命が長いんですね**。ん？　成虫になってから…ということは、幼虫時代は？

キャップ

ヒグラシ

カナカナカナ…**幼虫は6年くらい土の中でくらす**んだ。ほかにも、北アメリカにすむジュウシチネンゼミの幼虫は、卵からかえって17年目に成虫になる！

17年!?　ウサギは3年ほどですから、わたしたちよりも長生きです！　それは特別としても、**セミの寿命は"カナ"〜り長い**といえますね。誤解していました。

キャップ

ヒグラシ

あ。ぼくがうったえたかったのは、寿命のことじゃない。ヒグラシは**その名のとおり日暮れに鳴くと思われがちだけど、日の出のころにも鳴く**ことカナ。

ヒグラシが朝、鳴くのを聞いたことあるから、おどろかないかな。寿命が長いことをうったえにきたことにして！

ウサ美

結論

セミの寿命は幼虫のころをふくめると、2〜6年以上。なかには17年目まで生きる種類もいる！

49

証言者

ヒグマさん

クマにであったら**死んだふりを**すれば**OK**？

とんでもない！それはとても
危険です

かんちがいされ度 ★★★★☆

ヒグマの基礎知識

分類	ほ乳類ネコ目
分布	アメリカ北部、ヨーロッパ西部、アジア（中東〜中国、ロシア、日本）
大きさ	体長100〜280cm

第1章 ウソナンデス ～そのかんちがい、まった！～

きゃっ！　クマだわ、死んだふりしなくちゃ！

ウサ美

ヒグマ

ちょっと待って。あたしにであったら「死んだふりをすればにげられる」ってうわさがあるけど、それ、危険よ～。だって、あたしたち、死んだいきものも食べるのよ。

なんと…やっちゃいけないことだったんですね。

キャップ

ヒグマ

そうそう。本当に死んでいるかたしかめるために、かみついたり、つめでひっかいたりしちゃうし。

ぞぞぞ～。じゃ、どうしたらいいの？　木にのぼればにげられるっていうのも聞いたことあるけど。

ウサ美

ヒグマ

あたしたち、木のぼりも得意よ。あとね、ダッシュでにげられると、追いかけたくなっちゃうし。時速60キロで走れるから、まずにげられないわね。

死んだふりも木のぼりもダメ、"クマ"ったもんですね…。であったら、どうすればいいのでしょう？

キャップ

ヒグマ

そうね…。こっちもおそいたいわけじゃないから、であわないのが一番。だから、音の鳴るものを持って「ここにいる」と知らせてほしいわ。もしであったら、目をあわさず、背を向けず、静かに離れてほしいわね。

結論

クマは死んだいきものも食べるので、死んだふりは絶対にしないこと！

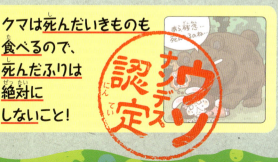

ウソナンデス認定

51

証言者 ラクダさん
ラクダのこぶには水がたくわえられている？

こぶの中身は脂肪です！

かんちがいされ度 ★☆☆☆☆

ラクダ（フタコブラクダ）の基礎知識
- 分類　ほ乳類ウシ目
- 分布　中央アジア
- 大きさ　体長300cm

第1章 ウソナンデス ～そのかんちがい、まった！～

ラクダ

おれのこぶに入っているのは、水じゃなくて脂肪ダ〜。

ラクダさんは、水が少ない砂ばくで生活していますよね。だから、水が入っているのかと思っていました。

キャップ

じゃあ、その脂肪は何かの役に立っているの?

ウサ美

ああ。こぶの中の脂肪は50〜60キログラムもたくわえられていてね。砂ばくは食べものが少ないから、食べられないときは、これを養分に使うんダ〜。

脂肪を使いきったら、こぶがなくなっちゃう?

ウサ美

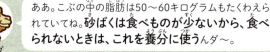

なくならないけど、栄養補給ができないと、こぶはどんどん小さくなり、ペタンコになってしまうんダ〜。ちなみに、**水もほとんど飲まずにくらせる**んだけど、**おしっこをほとんどしないようにしている**からなんダ〜。

ラクダ

水を節約するしくみが、からだにそなわっているのね。

ウサ美

ほかにも、**一度に80リットルもの大量の水を飲めたり、血液の中に水分をたくわえられる**んダ〜。

ラクダ

いろいろな工夫をしているから、砂ばくで生きられる…「砂ばくでくらすのは"ラクダ〜"」とは、いかないと。

キャップ

結論

ラクダのこぶには、**脂肪がたくわえられている。**
食べものがないときは、この脂肪を養分に使っている。

53

証言者 アライグマさん
水があれば食べものを洗うからアライグマ…

それ、野生ではしないんです

かんちがいされ度 ★★★☆☆

アライグマの基礎知識
- **分類** ほ乳類ネコ目
- **分布** 北アメリカ（カナダ南部）〜中央アメリカ
- **大きさ** 体長41〜60cm

第1章 ウソナンデス 〜そのかんちがい、まった！〜

アライグマ
もう名前からまちがってるっつーの！

ウサ美
おっと、「動物界のキレイ好き」ともよばれるアライグマさんがキレてるわ。こわっ！

アライグマ
ったりめーよ！ 食べものでも何でも、水で洗うから「アライグマ」…なんじゃそりゃ！ **手で洗うしぐさをすんのは、飼育されているやつだけ。野生じゃ、しねーの。**

キャップ
でも、野生でも、川で魚をつかまえるときに、手をこすりあわせたりしているのを、見たことがありますが。

アライグマ
ああ、あれな。魚が大好物でよ、川ん中で、手さぐりでえものをさがしてんだよ。**その動きが洗っているように見えちまったのかもな。**けっ！ だいたい、野生でのんびり洗ってたら、だれかに食べものをうばわれちまうだろ。

ウサ美
それなら飼育されているアライグマは、どうして洗うの？

アライグマ
知らねえよ、おれ、飼われてねぇもん。まぁ、**腹へってねぇときだけやる**そうだから、魚をとるときの手さぐりの動きが、飼われているストレスで残ったのかもな。…だから、名前は「アラワナイグマ」にしてほしいぜ。

キャップ
あらい性格をしているから「（性格が）"アライ"グマ」でもいいかもしれませんね。

結論

野生のアライグマは、川でえものをさぐるように手を動かすが、食べものを洗うようなしぐさはしない！

55

証言者

ナミチスイコウモリさん

コウモリはみんな血を吸うと思っていない？ ✕

血を吸う種類はごくわずか！

ナミチスイコウモリの基礎知識
- 分類　ほ乳類コウモリ目
- 分布　中央・南アメリカ
- 大きさ　体長7.5〜9.5cm

かんちがいされ度

第1章 ウソナンデス 〜そのかんちがい、まった！〜

ナミチスイコウモリ

おじょうさん、わたくし、コウモリでございます。

うう…コウモリって血を吸うから、こわいわ…。

ウサ美

ナミチスイコウモリ

フッフフ。「コウモリすべてをおそれないで」と、言いにきました。**ほとんどは、果物などを食べるオオコウモリ類、こん虫などを食べる小型のコウモリ類なんですよ。**

まってください。「ほとんど」ということは、一部のコウモリは、やはりいきものの血を吸うってことですか？

キャップ

ナミチスイコウモリ

フッフフ…あなた、いいところに気づきましたね。ナミチスイコウモリなど、**1000種ほどいるコウモリの中の3種は、動物の血を吸い、栄養源としているのです！**

いや〜〜〜〜！　やっぱ超こわい！

ウサ美

ナミチスイコウモリ

フッフフッフ…しかし、血を吸うといっても、**するどい前歯で皮ふを切り、出てきた血をなめるくらい**ですよ。

なめるくらいなんだ。たいしたことなくて、ホッとしたわ。

ウサ美

ナミチスイコウモリ

なめすぎて重さで飛べなくなるやつもいますよ。あと、狂犬病など、危険な病気をうつすこともありますが…。

いや〜〜〜〜！　やっぱマジでこわい！

ウサ美

結論

血を吸うコウモリは数種類しかいない。また、血を吸うというより、血をなめる。

57

Column
ちがう動物というのはウソナンデス！
実は同じなかま座談会

座談会参加者：イルカさん、タカさん、ワラビーさん

いきものには、呼び名はちがうけど、生物学上はちがいがないものがいっぱい。おいらもその一種だ。

ワラビー

タカ

ワラビーさんは、だれと同じいきものなんだい？

見た目からもわかるように、カンガルーさんだよ。**小型がワラビー、中型がワラルー、大型がカンガルー。**大きさだけのちがいなんだ。

ワラビー

おお、それならおいらたちも同じだよ。おいらは、クジラと同じなかまなんだ。**からだが大きいのがクジラ、小さいのがイルカ**さ。

イルカ

タカ

顔つきなんかくらべると、ぜんぜん別のいきもののように見えるけどな。

やはり大きさで分けているんだ。**4メートルほどの大きさならイルカ、それ以上はクジラ。**ただ、これもいいかげんで、**イルカより小さなクジラもいるし、クジラより大きなイルカもいる。**

イルカ

第1章 ウソナンデス 〜そのかんちがい、まった!〜

ややこしいな〜。

ワラビー

タカ

ややこしさなら、わしらタカとワシも負けてないぜ。**大きいのがワシ、小さいのがタカ**だ。でも実は、厳密なちがいはなくて、みんなタカ目タカ科の鳥だ。

タカ

しかも、わしらタカには、ワシなみの**大きさ**のものもいるし、ワシにはタカなみに小さいものもいる。どうだ、わしらタカのややこしさは!

たしかに同じなかまという点でもややこしいけど、さっきから自分のことを「わし」という言い方、まぎらわしくない?

イルカ

タカ

わしらタカだけど、わしはわしだもん…。ダメ?

証言者 オオアルマジロさん

アルマジロはみんなまるくなれると思ってない？

アルマジロ一族奥義

オオアルマジロ
ミツオビアルマジロ
ヒメマルマジロ

まるくなる!!

まるくなれるのは ミツオビさんだけ

かんちがいされ度

★★★★★

オオアルマジロの基礎知識
- **分類** ほ乳類アルマジロ目
- **分布** 南アメリカ（アルゼンチン、パラグアイ）
- **大きさ** 体長75〜100cm

第1章 ウソナンデス 〜そのかんちがい、まった!〜

オオアルマジロ:
われわれアルマジロはっ！ 騎士であるっ！
その名は「よろいを着た人」に由来する、騎士である！

ウサ美:
からだはかたいうろこにおおわれているから、わからないでもないけど、なんか「騎士」って感じしないけど…。

オオアルマジロ:
ウサギのあなたがたがどう思われようが、アルマジロは、よろいをまとった騎士なのである！

キャップ:
う〜ん、騎士というと、堂々と戦うイメージですが、あなたたちは、敵におそわれたら、まるまって身を守りますよね。なんか騎士らしくないんですよね…。

オオアルマジロ:
それである！ ボールのようにからだをまるめて、背中のかたいうろこで身を守ることができるのは、ミツオビアルマジロさんだけなのである！

ウサ美:
アルマジロ全部が、ボールみたいになっちゃうんじゃないのね？

キャップ:
なるほど。ミツオビさんはアルマジロに〝あるまじ〟き特徴をもっていた、というわけですね。

オオアルマジロ:
なかまを悪くいうのは、騎士としてゆるせないのである！

ウサ美:
まさに騎士道精神！ 見直したわ、アルマジロさん！

結論

からだをボールのようにまるめて身を守るのは、アルマジロのなかでも、ミツオビアルマジロだけ！

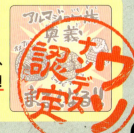

61

証言者 カモシカさん

すらりとしたあしを
「カモシカのようなあし」
というけれど ✗

じっさいのカモシカの
あしは太いです

かんちがいされ度
★★★★★

カモシカ（ニホンカモシカ）の基礎知識
- **分類** ほ乳類ウシ目
- **分布** アジア、日本（本州、四国、九州）
- **大きさ** 体長105〜115cm

第1章 ウソナンデス ～そのかんちがい、まった！～

カモシカ：人間の女性が**すらりとしたあしをして**いると、「**カモシカのようなあし**」と**ほめる**みたいだけど、めいわくだわ。

キャップ：シカのなかまは、細いあしをしているイメージありますし悪いことにたとえられていないから、よくないですか？

カモシカ：わたし、まず、**シカじゃなくてウシのなかま**だし。それに、まちがいなのよ。ほら見て、わたしのあし。**太く短く、がっしりとしている**でしょ。

ウサ美：本当だ〜。力強そう！

カモシカ：けわしい山でくらしているから、急斜面やがけを走るためには、これくらい立派なあしじゃなきゃ！

キャップ：でも、どうして人間は、カモシカさんにたとえたんでしょう？

カモシカ：ガゼルなど、「**レイヨウ**」とよばれるわたしのなかまのあしは、**すらりと長いの**。レイヨウを漢字で書くと「**羚羊**」。そして、**わたしたちカモシカも漢字で書くと「羚羊」**。

キャップ：なんと、同じですね！　もしかして…。

カモシカ：うん、**レイヨウのあしとまちがえられたのかも**。いろいろな説があるみたいだけど…。だから、「カモシカのあし、本当は太いじゃん」とかいわれると…めいわくなのよ〜。

結論

カモシカのあしは太くて短い！あしがすらりとしたレイヨウとごっちゃになった可能性が高い！

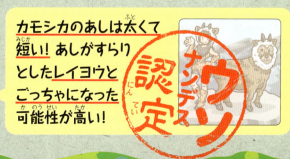
ウソナンデス認定

証言者 モグラさん

モグラは太陽の光をあびると死ぬ？

それはたまたま死んでいただけ

モグラ（アズマモグラ）の基礎知識
- **分類**: ほ乳類トガリネズミ目
- **分布**: 日本（本州、四国、九州）
- **大きさ**: 体長12.6〜14.3cm

かんちがいされ度 ★★★★☆

第1章 ウソナンデス ～そのかんちがい、まった！～

いつも土の中でくらしているモグラさんって、太陽の光をあびると、まぶしくて死んじゃうんでしょ？

ぐう然が生んだうわさとは、おそろしいものよのぅ。そのようなこと、決して起こりうるはずもないのだが…。

モグラ

でも、よく畑などで、地上に出たモグラが死んでいるすがたが見られるといいますが…？

キャップ

わしらは土をほるのに向いたからだなので、地上ではすばやく動けぬ…そのとき、ネコなどの敵に見つかると、とっさににげられず、殺されてしまうのだ…。

モグラ

動きがおそいから、かっこうのえじきに…。

ウサ美

また、3時間食事できないと、うえ死にしてしまう。地上に出て、えものをとれず、死ぬこともある。明るくなって死がいを目にした人間が、「太陽の光をあびて死んだ」とかんちがいをして、うわさが広まったのであろうなぁ。

モグラ

そうか…土の中で生きているんだから、土の中で死んだモグラを、ふつうは目にしないものね。

ウサ美

見えるものだけが真実ではないのだ。

モグラ

土に"もぐら"ないことでうまれたかんちがいなんですね。

キャップ

結論

モグラが地上で死んでいるのは、たまたま敵におそわれたりしたから。太陽の光をあびても死ぬことはない。

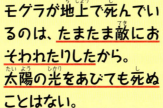

65

証言者 フクロウさん
首をぐるぐる360度回せるだって？

さすがに360度は回せません！

かんちがいされ度 ★★★★☆

フクロウの基礎知識
- 分類 鳥類フクロウ目
- 分布 ユーラシア、日本（九州以北）
- 大きさ 全長58cm

第1章 ウソナンデス 〜そのかんちがい、まった！〜

フクロウ：ホ〜ッホッホ！ わたしの名はフクロウ、ただの鳥ではございません。わたしの首は回る！ 回るのでございます。

ウサ美：知ってる！ 首を360度ぐるぐる回せるんでしょ！

フクロウ：ホッホッホ、それを言いにきたのですが、大げさでございます。そんなことしたら、首がねじきれてしまいます。とはいえ、左右に270度は回せますよ。

ウサ美：270度でもすごい！ どうしてそんなことができるの？

フクロウ：秘密は首の骨の数！ ほ乳類はふつう7個ですが、わたしは14個！ そのぶん首を柔軟に動かせるのです。

キャップ：どうして、そこまで首を回す必要があるんですか？

フクロウ：ほかの鳥とちがって、目が正面についているでしょう。視界がせまいから、首をよく回しているのでございます。

ウサ美：たしかに、ほかの鳥は目が横についているね。

フクロウ：でも、両目だと立体的に見えて、えものまでの距離も正確にわかり、ねらえます。ウサギなどのえものを…ホ〜ホッホッホ！

キャップ：フクロウだけに、えものとりには"不苦労"…なんて言ってる場合じゃありません。ねらわないでください〜。

結論

フクロウの首の骨は、ほ乳類より多い。360度は回せないが、左右270度も回すことができる。

ウソナンデス認定

証言者
ウツボカズラさん

食虫植物は虫や小動物が必要？ ✗

実は虫なしでも生きられます！

かんちがいされ度 ★★★★☆

ウツボカズラの基礎知識
- **分類** 被子植物ナデシコ目
- **分布** 東南アジア～オーストラリア
- **大きさ** つぼの長さ：ふつう6〜10cm

第1章 ウソナンデス 〜そのかんちがい、まった!〜

植物は、太陽の光をあびて、栄養をつくりますよね。あとは水と二酸化炭素が肥料。でも**食虫植物は、いきものが主食**でしょ。近づいたら、つかまえちゃう。

ウサ美

ウツボカズラ

そして、消化液でとかして養分として吸収する…**そんなかんちがいがあるみたいですね〜。**

ちがうんですか、ウツボカズラさん?

キャップ

ウツボカズラ

まぁ、葉が変化した部分で、いきものをつかまえますよ。ウツボカズラなら、液のたまった捕虫ぶくろに、あしをすべらせて入ってきた虫などをおぼれさせて、とかす。

でしょ。ハエトリソウなら、葉をおりたたむように閉じて、葉にとまった虫を、にがさずはさみこむよね。

ウサ美

モウセンゴケなら、ねばねばした液で虫を動けなくして、つかまえ、とかしてしまいますよね。

キャップ

ウツボカズラ

…でもね、ぼくらは、**肥料が少ない土地に生えるので、不足しがちな養分を、いきものでおぎなう**だけ。

必ずしも、いきものをつかまえる必要はないってこと?

ウサ美

ウツボカズラ

はい。**虫なしでも生きられます。むしろ虫をとりすぎると、消化不良を起こして、かれてしまうこともある**んですよ。

結論

ウツボカズラなどの
食虫植物は、虫などを
つかまえて食べるが、
必ずしも虫をつかまえる
必要はない。

69

証言者 ヨタカさん

夜、目が見えないことを「鳥目」というけど

ほとんどの鳥は夜でも見えます!

かんちがいされ度 ★★★★★

ヨタカの基礎知識
分類 鳥類ヨタカ目
分布 インド〜ユーラシア東部、日本（九州以北）
大きさ 全長28〜32cm

第1章 ウソナンデス ～そのかんちがい、まった！～

ヨタカ: 鳥類を代表して、かんちがいを正したいことがあります。

ウサ美: わ、鳥たちのなかま全体に誤解があったの？

ヨタカ: はい。「鳥目」は暗い場所では目が見えにくくなることを言うので、「鳥」って字から、鳥は夜、目が見えないと思われているんです。これ、まちがってます。

キャップ: ニワトリは暗い所では目が見えないですよね？

ヨタカ: 人に飼われる一部の鳥は、本当に鳥目なことが多いけど、ニワトリは見えるようですよ。また、野生では、ほとんどの鳥は暗くても見えてます！

ウサ美: そういえば、フクロウやミミズクは、夜にえものをさがしたりしているわね！　でも、例外かと思ってた。

ヨタカ: はい。ぼくの名前は漢字で「夜鷹」って書くのですが、これは夜にえものをつかまえるからです。だから、見えます。

ウサ美: どうして「鳥目」なんて言うようになったのかしら？

ヨタカ: 鳥のほとんどは、明るい時間に活動するでしょ。夜は休んでいて、人間があまり鳥のすがたを見ないからかも。

キャップ: "トリ"あえず誤解がとけて、よかった、"よたっか"。

結論

ヨタカやフクロウなど、夜に活動する鳥だけでなく、ほとんどの鳥は夜でも目が見える！

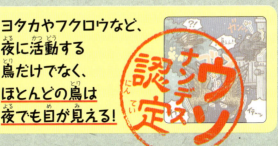

ウソナンデス認定

Quiz

かんちがいしてそうクイズ①
ウグイスはどっち？

A

B

問題

ウサ美

ウグイスといえば、春先になると「ホ〜ホケキョ!」なんて鳴きながら、梅の木にとまっているイメージがあるよね。**上のAとBでは、どっちがウグイスか、きみはわかる?** よくかんちがいされているんだよね。

答え

キャップ

Aの、梅の木にとまった緑色をした鳥はメジロ。ほら、目のまわりが白いですよね。だから「目白」。というわけで、**正解はBの、地味な茶色っぽい鳥がウグイスなんです。**ウグイスはほとんど梅の木にはとまらないし、「ウグイスパン」には薄緑色のあんこが入っているものだから、梅の木にとまるメジロをウグイスだとかんちがいしちゃう人が多いみたいですね。

答え:B

第2章

チガウンデス
～そのイメージは、ちがうかも？～

「取材に行こう、ウサ美くん！」

記者会見でたくさんの「かんちがい」を知ったキャップとウサ美。誤解されているほどではなくても、イメージとはちがう、意外な一面をもったいきものがいるかも…？そう考えたふたりは、今度はいきものたちを取材してみることにした。

証言者

カバさん

水辺でのんびりしているけど…
実はめちゃめちゃ気があらいんです

カバの基礎知識
- 分類 ほ乳類ウシ目
- 分布 アフリカ
- 大きさ 体長280〜420cm

かんちがいされ度
★★★★☆

第2章 チガウンデス ～そのイメージは、ちがうかも？～

カバ:
おうおうおう、ウサ公ども！　てめえら、**わしのなわばりに勝手に入って来おって！**

ウサ美:
す、すいません！　あの、わたしたち、世間のイメージとちがういきものの取材に来ていまして…。

カバ:
イメージだぁ？　わしはどんなイメージだっちゅーんじゃ？

ウサ美:
大きなからだで、**のんびりしておとなしそうで…。**

カバ:
なんじゃそりゃあ！　ふざけてんのか？

キャップ:
150度も口を開けて、いかくしないでください、こわい！

カバ:
わしはなぁ、**自分のなわばりに入ってきたやつ**がとにかくゆるせんのじゃ。たとえワニの野郎でもようしゃせんぞ。**カバどうしでもなわばりを争って相手を殺すこともある**んじゃ！

ウサ美:
カバさんは気があらいいきものだったのね…。

カバ:
アフリカでは、年間に3000人近くの人間がわしのなかまにおそわれとるんじゃ。にげたって時速40キロで追いかけるから、にげきれんぞ！

キャップ:
もうこわすぎて、得意のダジャレもう"かば"ないです…。

結論

カバはとても**気があらいいきもので、なわばりに入ってきたものはゆるさない！**

チガウンデス認定

証言者 チーターさん

動物界最速のスピードで走れるけど…
長距離走は苦手なんです

かんちがいされ度 ★★☆☆☆

チーターの基礎知識
- **分類** ほ乳類ネコ目
- **分布** アフリカ〜アジア南西部（イラン北部）
- **大きさ** 体長112〜150cm

第2章 チガウンデス 〜そのイメージは、ちがうかも？〜

チーター

まいどおおきに、わしなんかに取材しに来てくれてごっつすんまへんな。わしらのイメージ誤解だらけやで。

スマートなからだに長いあし、強い筋肉、しなやかな背骨で**全身をバネのようにして飛ぶように走る**、動物界のスプリンターですね。

キャップ

追われたら逃げきれない、まさに"最速の貴公子"よね！

ウサ美

チーター

速いイメージがあるやろ。速いは速いんやけど、**えものを追いかけても、すぐ追いつけなくなるんや**…。

え？ 最高時速110キロで走れるのに、なぜでしょう？

キャップ

チーター

体力がないねん。えもののスプリングボックなんかは、時速90キロで長い距離を走れるけど、わし、**400メートルくらい走ると、つかれてスピードダウンしちゃう**んや。

た、大変ね…。

ウサ美

チーター

せやな。だから、狩りじゃ失敗することのほうが多いんや。情けない話やけど…。

わたしたち野ウサギは時速70キロくらいで走れるから、競走したら、追いつい"ち〜た〜"、なんてこともあるかもしれませんね。

キャップ

結論

チーターは最高時速110キロで走るが、体力がもたず、400メートル以上は速く走れない。

77

ライオンさん

証言者

生態系の頂点
「百獣の王」だけど…
狩りをするのはメスなんです

ライオンの基礎知識
- 分類　ほ乳類ネコ目
- 分布　アフリカ
- 大きさ　体長140〜250cm

かんちがいされ度

第2章 チガウンデス 〜そのイメージは、ちがうかも？〜

オスのライオンさん、たてがみも立派でかっこいいわ〜。

ウサ美

ライオン

ああ、ぼくを取材したいのは、きみたちか。ちょっと待っててね。もうすぐごはんの時間なんだ。

ライオンは1〜3頭のオスと、1〜5頭のメス、その子どもで群れをつくってくらすんですよね。

キャップ

ライオン

よく知ってるね。そういう形を「プライド」っていうんだ。ネコのなかまで、群れでくらす動物はめずらしいんだけどね。それにしてもごはんまだかな〜。

え？ 自分で狩りをしないんですか？

キャップ

ライオン

え？ それは**メスたちの仕事**だよ〜。ぼくはプライドで、**ごはんの準備ができるのを待っている**のさ。

そんな！「百獣の王」のオスが狩りをしていると思っていたわ…。

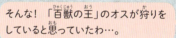

ウサ美

ライオン

何もしないわけじゃないよ。**プライドをうばいに来たほかのオスと戦って守るのはぼくの仕事**さ。戦いに負けたら、プライドをうばわれて…そのときは**ひとりぼっちになるから、自分で狩りをする**けどね…。

なんか…それ、「百獣の王」にしては、さみしいですね。

キャップ

結論

ライオンで狩りをするのはメス。オスは、メスがとったえものを食べる。

79

証言者 ゴリラさん

動物ものまねの定番（？）だけど…
意外とちがってる!? ゴリラものまね講座

ゴリラ（マウンテンゴリラ）の基礎知識
- **分類** ほ乳類サル目
- **分布** アフリカ中東部
- **大きさ** 身長175cm（おす）

かんちがいされ度 ★★★★★

第2章 チガウンデス 〜そのイメージは、ちがうかも?〜

ゴリラ

おっす！ おら、ゴリラ。いきなりだけど、おらのものまね、やってみねえか？

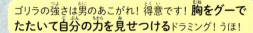

キャップ

ゴリラの強さは男のあこがれ！ 得意です！ **胸をグーでたたいて自分の力を見せつける**ドラミング！ うほ！

ゴリラ

ちがうちがう！ おめえ、ダメだなぁ。**胸をたたく手は、親指以外をそろえた、半分パー**だべ、パー！ みんな、よくまちがえちまうんだな。それにドラミングは、**敵と戦わずに引き分けにするためのアピール**だぞ。

ウサ美

ゴリラさんって**平和的ないきもの**だったのね。

ゴリラ

だれも争いたくはないべ。たたく音は2キロ先でも聞こえっから、**なかまに危険を知らせる合図にも利用する**んだ。

キャップ

尊敬しました、ゴリラ先生！ あなたに近づきたいです。あなたのものまねを、もっと教えてください！

ゴリラ

いい心がけだべ。**歩くときは、からだを前にたおし、両うでのこぶしをつくナックルウォーキング！** あと、上くちびるの内側に、舌を入れると、ゴリラ顔に似てくっぞ。

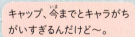
キャップ

わかりました！
うほ、うほ、うほ…

ウサ美

キャップ、今までとキャラがちがいすぎるんだけど〜。

結論

ゴリラのドラミングのまねをするなら、手はグーではなく、半分パーで！

チガウンデス認定

証言者 ペンギンさん

よちよち歩くけど…
実はおれたち、あしが長いんだ!

ペンギン
（コウテイペンギン）
の基礎知識

分類 鳥類ペンギン目
分布 南極大陸
大きさ 全長100〜130cm

かんちがいされ度 ★★★☆☆

第2章 チガウンデス 〜そのイメージは、ちがうかも?〜

ペンギン

お! おれにも話を聞きに来てくれたのか。**短足だと誤解されてる**おれの話を〜! さっそくだが、あしをよく見てくれや。

ん〜と…あしに何かあるんですか?

キャップ

ペンギン

か〜! すげぇ長いんだぜ。すげぇ長いんだぜ。

うわ、2回も同じこと言った。でも、**どう見てもあし、短くない?** どうして長いの?

ウサ美

ペンギン

か〜! おまえ、どこに目ぇつけてんだ。いいか。おれの長いあしは、**からだの脂肪の内側で、曲げた状態でかくれてんの。**見えてんのは足首から下。下だけ!

…じゃあ、のばせば長いってわけですか? さっそくですが、のばしてくださいよ。

キャップ

ペンギン

か〜! それができねぇんだよ。ひざは曲がったままだから、のばせねぇの! **ひざを曲げているような形だから本当の長さより短く見える**ってわけ。じゃあな!

…めちゃめちゃ語って帰っていったわね…。

ウサ美

あしが長いのはわかりましたが、気は短いですね…。

キャップ

結論

短足に見えるペンギンのあしは、**からだの脂肪の内側で曲げているような形なので、本当は長い。**

チガウンデス認定

83

ハイイロオオカミさん

証言者

「一匹狼」って、クールっぽいけど…
ただなかまはずれなんです

なかまほしい…！

ク〜ン…

ハイイロオオカミの基礎知識
分類 ほ乳類ネコ目
分布 ユーラシア、北アメリカ
大きさ 体長82〜160cm

かんちがいされ度
★★★★★

第2章 チガウンデス 〜そのイメージは、ちがうかも?〜

ハイイロ
オオカミ

あ〜ん、話を聞きに来てくれたんだ。もうこの1年、だれともしゃべってなくてさみしかったよ。

オオカミといえば、**群れでくらし、協力して狩りをします**よね。でも、あなたは群れずにくらしていますね。

キャップ

「一匹狼」って言葉もあるけど、**だれとも群れず孤独を愛する**みたいで、かっこいい。

ウサ美

ハイイロ
オオカミ

「一匹狼」なんていいもんじゃないんだ。**おれだって、なかまがほしいよ。**

好きで群れに入らないんじゃないの?

ウサ美

ハイイロ
オオカミ

入れないんだよ! **なかまはずれにされてんの!** オオカミは群れで助けあういきものなんだ。1匹でいるっていうことは、なかまがいないだけなんだ。

…急にさみしくなってきました。そういえばオオカミの遠ぼえも、さみしさを感じますが…。

キャップ

ハイイロ
オオカミ

遠ぼえは、なかまどうしがきずなを確かめあったり、なわばりをしめすためにするのさ。**なかまがいない一匹狼は、遠ぼえもしない…。**

なかまができるよう、神に祈りましょう。"お〜、神"よ。

キャップ

結論

"一匹狼"は、
群れることができず、
なかまはずれに
されている!

チガウンデス認定

証言者

イリエワニさん

どう猛な水辺のハンターだけど…

こう見えてちゃんと子育てします

イリエワニの基礎知識
- **分類** は虫類ワニ目
- **分布** インドから東南アジアにかけて
- **大きさ** 全長3〜7m

かんちがいされ度 ★★★★★

第2章 チガウンデス 〜そのイメージは、ちがうかも？〜

イリエワニ

あ〜ら、あたしなんかに何をインタビューしに来たの？つまらないこと聞いたら、あなた、食べちゃうわよ。

むちゃくちゃこわい〜。世間のイメージとちがうことがあれば、教えてほしいんだけど…なければいいけど…。

ウサ美

イリエワニ

うふふ。ワニって大きな口に、ずらりとならんだきば、近づくいきものに食らいつく。そんなイメージでしょ？

はい。とっても**どう猛で危険ないきもの**だと思っています。

キャップ

イリエワニ

あら、正直ね♥ 敵やえものにはそうだけど、あたしたち、**しっかり子どもを守って、子育てをする**のよ！

それ、意外〜。だって、は虫類って、トカゲとかもそうだけど、卵を産んだら、あとはほったらかしでしょ。

ウサ美

イリエワニ

そうね。でも、ワニのなかまには、卵を割って子どもが卵からかえるのを手伝ったり、砂地で生まれたら口に入れて水辺に運んであげたりする種類もいるのよ。小さいうちは弱いから、敵から守ってあげたりするわ。

へ〜、本当はやさしいんですね。

イリエワニ

でも、あまやかしてばかりじゃないのよ。…食べものをとるとか、**できることは自分でやらせる**けどね。

結論

ワニのなかまには、子育てをするものもいる。子が大きくなるまで守り、育てる。

チガウンデス認定

第2章 チガウンデス 〜そのイメージは、ちがうかも?〜

 キリン: よく来たなぁ、おチビさんたち。オラのことどう思う?

 キャップ: 長い首、すらりとしたあしで、地上のいきものの中で、背の高さNo.1の草食動物。

ウサ美: 戦ったりしなさそう。細いから。

 キリン: オラ、戦うぞ。メスをめぐってオスどうしが争うときは、**この首をふり回して角で打ちあって**な。それ見たら、激しすぎてびっくらこくぞ。

 ウサ美: おとなしくて弱そうなのに…。

キリン: はぁ? オラ、戦っても強いぞ。ライオンなんか、オラたちの群れに近づいたら、**この長い前あしのキックで一撃**だ。おめぇらもやってやっか?

 キャップ: や、キリンさんがお怒"りん"! ゆるしてください!

 キリン: まぁいい。おめぇら、オラが草食動物だから油断しているようだけどな、オラ、**たまに肉も食うぞ**。

キャップ: えええぇ〜! ごめんなさい、食べないで!

キリン: まぁ、ウサギは食わねぇけどな。小鳥とかなら食うんだ。タンパク質不足かな。これもイメージとちがうだろ。

結論

キリンは弱くない。首をふり回して激しく争い、ライオン相手でも強力なキックであごの骨をくだくことができる。

89

証言者 ブタさん

きたない部屋を「ブタ小屋」なんて言うけど…
実はとてもきれい好きです

寝どこ
フブッ
食べもの
トイレ

ブタ（ヨークシャー）の基礎知識
分類 ほ乳類ウシ目
分布 原産地：ヨーロッパやアジア
大きさ 体重200〜300kg

かんちがいされ度

第2章 チガウンデス 〜そのイメージは、ちがうかも?〜

次はブタさんをたずねて
みましたが…
キャップ

小屋がすごくきれいだわ。意外〜。

ウサ美

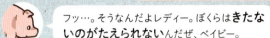
フッ…。そうなんだよレディー。ぼくらは**きたないのがたえられない**んだぜ、ベイビー。
ブタ

世間ではきたない所を「ブタ小屋」なんて言いますけど、本当のブタ小屋はちがうんですね。

キャップ

ぼくらはさ、**トイレ**と、**寝る場所**、**食事をする場所**を分けているのさ。これは**野生にくらしていたときのなごり**でね。

ブタ

どうして分けるの?

ウサ美

野生にくらしているときは、**トイレのにおいでクマなどの敵に見つかる**だろ。だから川をトイレにしたりしてにおいでバレないようにしていたのさ。

ブタ

でも、ときどきウンチまみれになっていますよね?

キャップ

ああ、あれね。野生では暑いとき、**泥でからだを冷やしたりダニを落としたりしていた**んだけど、飼育されている場所ではできないだろ。フッ!
ブタ

ブタだけに"トン"でもないイメージちがいでしたね。

キャップ

結論

ブタは野生時代に敵に見つからないように、また、からだの健康のためにきれいにしていた。そのなごりできれい好き。

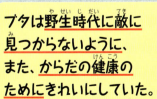

チガウンデス認定

Column にているけどチガウンデス！ そっくりさん見分け方講座

見分け方講師

アシカさん

モモンガさん

センザンコウさん

見た目はにているのに、実はちがうなかまのいきものがいるよね〜。かんちがいされないように、ちがいを教えあおうよ。

センザンコウ

アシカ
そうだね。じゃあまずは、おれたちアシカとアザラシ。ひれのようなあしをもつ、近いなかまではあるけど、よくまちがえられるんだよ。

どこで見分ければいいの？

モモンガ

アシカ
一番わかりやすいのは、耳。**アシカには耳（耳介）があるんだけど、アザラシには耳のあなしかないんだ。** あと、歩き方。**アシカは前あしでからだをささえて歩くけど、アザラシは腹ばいで、からだをひきずるようにして歩く。**

よく見ていればわかるんだよな！ モモンガとムササビは、飛まくをつかって木から木へかっ空するけど、**大きなちがいは、飛まくのつき方。**

モモンガ

アシカ
同じリス科のいきものだから、同じじゃないの？

92

第2章 チガウンデス 〜そのイメージは、ちがうかも？〜

モモンガは前あしと後ろあしの間に飛まくがあるんだけど、ムササビはさらに、首の付け根から尾まで飛まくがある。だから、ムササビのほうが長い距離をかっ空できるんだ。

モモンガ

きみたちは近いなかまだろ。でもぼくとアルマジロの場合、本当に超ちがう種類なんだよね。

センザンコウ

え〜。かたい甲らのようなもので身を守るじゃない？

アシカ

ぼくたち**センザンコウの甲らは、からだの毛がかたく変化したもの**なの。人間でいえば、つめと同じケラチンでできているんだ。でも、**アルマジロのは、皮ふがかたくなったもの**。ぜんぜんちがうでしょ！

センザンコウ

種類が近かろうが遠かろうが、にたすがたをしていても、ちがいってあるものなんだね〜。

モモンガ

93

シャチさん

証言者

かわいいすがたをした水族館の人気者ですが…
海の生態系の頂点！海のギャングです

シャチの基礎知識
- **分類** ほ乳類クジラ目
- **分布** 世界中の海
- **大きさ** 全長6〜9m

かんちがいされ度

★★★★☆

第2章 チガウンデス 〜そのイメージは、ちがうかも?〜

シャチ
いきものたちに話を聞いているって? ご苦労だな。

シブい。黒地に白い模様のかわいいすがたとちがう〜。

ウサ美

シャチ
まあな。水族館でショーなんかやっているが、自然界でそんなゆるいことしてちゃぁ生きていけねぇ。おれは「海のギャング」、ねらったえものはしとめるぜ。

魚やペンギンをおそうことは知っていますが、ほかには?

キャップ

シャチ
そうだな…。えものは小物だけじゃない。イルカやアザラシ、ホッキョクグマ、サメやクジラ…。

ホッキョクグマやサメなんて、最強生物候補に数えられているじゃない! しかも地球最大の生物クジラも!?

ウサ美

シャチ
敵じゃないな。泳ぎはほ乳類最速だ。おれたちにねらわれたら、にげきれない。しかも1匹でも強いが、集団でえものを追いつめる頭脳プレーをするからな。

強いし、頭がいい…ひええ、わたしたちは食べないでね。

ウサ美

シャチ
たまに砂浜に上がってアシカを狩ることもあるけど、おまえらがくらす場所まで行くわけない、安心しな。

シャチがねらうのは、「海の"シャチ(幸)"」なんですね。

結論

愛らしいすがたとは
逆に、海では
敵なしで、
頭もいい強い動物!

ホッキョクグマさん
証言者

真っ白な毛をもつ、あだ名は「白クマ」！
実は地はだは真っ黒なんです

背中の毛ぬけてるわよ！ストレスじゃない？

そうなんですなぁ・・・・

かんちがいされ度 ★★★★★

ホッキョクグマの基礎知識
分類 ほ乳類ネコ目
分布 北極海沿岸、アジア、ヨーロッパの浮氷のある地域、北アメリカ北部
大きさ 体長180〜250cm

第2章 チガウンデス ～そのイメージは、ちがうかも？～

クマの多くは茶色や灰色、黒だけど、北極などにくらすホッキョクグマさんは真っ白なのね。 ウサ美

ホッキョクグマ

そうですな～。でも、**実は地黒**なんですな～。毛と毛の間から、よく見てみてくださいな～。

ああ！　はだは黒い！ キャップ

ホッキョクグマ

黒は太陽の熱を吸収しやすいから、**寒い場所でくらすのに都合がいい**んですな。

毛が白いから、白いクマだと思っていたわ。 ウサ美

ホッキョクグマ

そうですな～。それもまちがいなんですな～。白く見えますでしょう。ところがぼくの毛は、白くないんですな～。特別に1本、プレゼントしますから、よく見て。

ああ！　**透明**じゃないですか！　しかもストローみたいに中が空どうになっている。   キャップ

ホッキョクグマ

透明な毛が光を反射させるので、白く見えるんですな。だから北極では気づかれにくいんですな。そして、**中が空どうだから、たくわえた熱をにがさない**のですな。

毛のおくの地はだから、毛のつくりまで北極でくらす対策ができているんですね！ キャップ

結論

ホッキョクグマの地はだは真っ黒。毛も本当は白ではなく透明。

チガウンデス認定

証言者 クリオネさん

「流氷の天使」と よばれますが…
食事のときは悪魔になります

オホホ…
ヒィィィ?!
ウフフ…
ウキマイマイ
バクッ
かわいいウキマイマイさんいただきますわ

クリオネ（ハダカカメガイ）の基礎知識
- 分類　腹足類裸殻翼足目
- 分布　北太平洋
- 大きさ　体長1〜3cm

かんちがいされ度

第2章 チガウンデス 〜そのイメージは、ちがうかも？〜

流氷の浮かぶ海を舞うように泳ぐ、クリオネさん！はねをもつ天使のようなすがたで、きれいだね〜。

ウサ美

クリオネ

ちがうんだな〜。はねのように見えるのは、あしなのよ。

そこ、あしなんですか!? そう考えると「流氷の天使」というイメージも変わってきますね。からだのつくりについて、もっと知りたいです。

キャップ

クリオネ

からだのつくりといえば…そうそう。天使の頭のように見えるところあるでしょ？ **ここ、開くのよ。**

え？ 何言ってるかわからないんだけど…。

クリオネ

えものを見つけるとね、**頭がパッカーンと開いて中から「バッカルコーン」という6本の触手を出して、がっちりつかまえちゃうのよ！**

う！ そのすがた、かなりグロい…というかこわいですね…。

キャップ

クリオネ

しかもね…パクパク食べるんじゃなくて、**えものの養分を吸ってとかしちゃうのよ。**

今日から「流氷の悪魔」に改めたほうがいいよ！

ウサ美

結論

クリオネは天使のようなかわいいすがたをしているけど、<u>えものをとらえて食べるときは、まるで悪魔のよう。</u>

証言者 **イカ**さん

イカのからだは どこにあるかって？
あ、そこ頭じゃなく からだですから！

人間にあわせたらこうなるね

腹まきするならココ

イカ（ヤリイカ）の基礎知識

分類 頭足類鞘形亜綱十腕形上目閉眼目
分布 北海道以南
大きさ 胴体の長さ40cm

かんちがいされ度 ★★★★☆

第2章 チガウンデス ～そのイメージは、ちがうかも？～

イカ

"イカ"したいきものでおなじみ、おいらがイカです。

いきなりキャップお得意のダジャレであいさつしてくれたわ。キャップ、負けていられないわよ。

ウサ美

イカさんに"イッカ"い…いや1回、聞きたかったのですが…**イカやタコのからだってどこにあるんですか？**

キャップ

そんなの、顔の上…イカさんなら三角形のひれの下まで、タコさんならまるくなっている部分じゃないの？

ウサ美

イカさん、"いか"がですか？

キャップ

イカ

ブブ〜。"い〜か"げんに答えたら失礼ですね、ちゃんと教えましょう。よく、そう思われているのですが…**そこはからだです。内臓がつまっているんです。顔のまわりに頭はあります。**

はずれじゃな"いか〜"。じゃあ…**あしは頭からはえている**ってことですか？

キャップ

イカ

ぼくら、頭足類っていうくらいだから、"あたりめ〜"です。しかも、**あしじゃないんです、うでなんですよ。**

ええ〜！ おどろかされっぱなしで、つかれました。"げっそ（ゲソ）"り。

結論

イカやタコの、**頭と思われがちな部分がからだ。あし（うで）は頭からはえている。**

証言者 # ナマケモノさん

なまけてくらせて気楽そう？
激しくからだを動かすと、死にます！

ナマケモノ（ノドチャミユビナマケモノ）の基礎知識	**分類** ほ乳類アリクイ目 **分布** 南アメリカ **大きさ** 体長50〜70cm

かんちがいされ度

第2章 チガウンデス 〜そのイメージは、ちがうかも?〜

ナマケモノ: や〜ぁ〜…ぼ〜く〜ナ〜マ〜ケ〜モ〜ノ〜…だよぅ。

ウサ美: 動きがおそいけど、**本当は速く動けるんじゃない?** たとえば、敵におそわれたら、必死ににげないの?

ナマケモノ: どうしてもぉ〜…は〜や〜く〜う〜ご〜けないんだぁ。だからぁ…食べられてぇ…お〜し〜ま〜い〜。

ウサ美: うそぉ!

ナマケモノ: からだをぉ〜動かすぅ〜…筋肉もぉ…ほとんどないんだぁ。木にぃ…つかまってぇ…いると…思われるけどぉ〜つめをひっかけてぇ…ぶらさがっているだけなんだぁ…。

キャップ: そういえば、食事も1日に葉っぱ数枚ですよね。

ナマケモノ: 動かず…生きられるよう…少ししかぁ…食べないんだぁ…いっぱい食べてもぅ…消化に時間がかかるんだぁ…。

ウサ美: それじゃ体力もないよね…。

ナマケモノ: そんなんでぇ…**激しくぅ…動こうとするとぉ…エネルギーをぉ…使いすぎて…餓死しちゃうんだぁ**…もう…起きてるのも…つかれたから…寝るねぇ…zzz

キャップ: ナマケモノは決してハタラキモノになれないんですね。

結論

ナマケモノはからだを動かす筋肉もほとんどなく、あまり食べないので、激しく動くとエネルギー不足で死んでしまう!

103

マッコウクジラさん

証言者

海でくらしていますが…
水中では呼吸できません!

あー、苦しかった…

マッコウクジラの基礎知識
分類 ほ乳類クジラ目
分布 世界中の海
大きさ 全長10〜20m

かんちがいされ度
★☆☆☆☆

第2章 チガウンデス 〜そのイメージは、ちがうかも？〜

マッコウクジラ
海の中まで、よう来たの！　かんげいする。わしらは水中生活じゃから、来てもらわんと話もできんがの。

ウサ美
魚みたいに、水の中から出られないのね。

マッコウクジラ
いや、そんーなことないぞ。呼吸するときは、ぎゃくに海面に出んといけんしの。「潮ふき」、知っちょるじゃろ？

キャップ
海面に出て、潮をぶわ〜っとふく行動ですよね。

マッコウクジラ
あれが呼吸じゃ。わしらの鼻のあなは頭の上にあっての、呼吸するとき、空気をはき出すと、まわりの海水がふきとばされ、きりをふいたようになるっちゅーわけじゃ。

キャップ
潮を出しているんじゃないんですね。

マッコウクジラ
うむ。また、肺で圧縮されていた空気が、一気に空中に出るので白く見えるということもあるの。

キャップ
息つぎ必要なのに、クジラって海の深くまでもぐるよね？

マッコウクジラ
わしらは、筋肉に酸素をためこんで、陸上のいきものより長くもぐっていられるんじゃ。マッコウクジラなら、1時間以上、もぐっていられるの。

キャップ
てことは、今、8時ですから…次に呼吸するのは"9時ら"？

結論

クジラは海面に出て呼吸する。でも、陸上のいきものとちがい、長くもぐっていられる！

チガウンデス認定

証言者 ツバメさん

ツバメの巣って高級食材になるんでしょ？

巣がおいしいのはオオアナツバメだ

かんちがいされ度 ★★★★☆

ツバメの基礎知識
- **分類** 鳥類ツバメ目
- **分布** ユーラシア、北アメリカ、アフリカ北部、日本
- **大きさ** 全長15〜18cm

第2章 チガウンデス ～そのイメージは、ちがうかも?～

お腹すいた～。キャップ、わたし、ぜいたくして、高級食材のツバメの巣とか食べたいな。ツバメさんに少し、巣を分けてもらおうよ!

ウサ美

ツバメ

聞こえたよ、ぼくの巣を食べたいって？ やめときな！あんなもの、**ほとんど泥だ**、食えたものじゃないぜ。

あ、ツバメさん。でも巣は食材で有名じゃない？

ウサ美

ツバメ

あ～、かんちがいしてるな。**食材として使われるツバメの巣は、オオアナツバメのもの**だよ。

なにがちがうんですか？

キャップ

ツバメ

オオアナツバメは海岸の切り立ったがけの洞くつに、巣をつくる。**材料は、彼らの出す、ねばりけのあるつば**なんだ。スープに入れるとおいしいツバメの巣は、それ。

ざんねんだわ～。ひと口もらいたかったのに。

ウサ美

オオアナツバメのつばなんですか！ それにしても**切り立ったがけの洞くつにあるん**じゃ、手に入れるのも**大変**ですね。

キャップ

ツバメ

だから高級食材なんだ。ちなみにぼくらはスズメのなかま、オオアナツバメはアマツバメのなかま。まったくちがう種類だよ。

結論

高級食材の
ツバメの巣は、
オオアナツバメという
アマツバメのなかまが
つくる巣のこと。

チガウンデス認定

107

Column

かわいい ギャップ座談会

チガウンデス 意外に肉体派です

座談会参加者

タスマニアデビルさん

ラーテルさん

コウテイペンギンさん

ラーテル

> おれたちは、見た目のかわいらしさから、強くないいきものだというイメージがあるけど、**意外と肉体派**なんだよね。

タスマニアデビル

> ええ。わたしなんて、見た目がかわいいでしょ。だからおとなしいいきものだと思われがちだけど、バリバリの肉食だからね！

ラーテル

> まぁ、名前に「デビル（悪魔）」ってつくからなんとなく想像はできるけどね。

タスマニアデビル

> そうなのよ。主に死肉を食べるけど、あごがめっちゃ強い。だから、**骨や皮でもバリバリかみくだいちゃう**からね。まぁ…大きないきものはこわいから、人間なんかにあったらすぐにげちゃうけど。

ラーテル

> ダメだな～。からだが小さくても、おれなんて、こわいもの知らずだからね。**ライオンでもハイエナでも、じゃまするやつには立ち向かっていっちゃう**もの。

タスマニアデビル

> マジか！

108

第2章 チガウンデス 〜そのイメージは、ちがうかも？〜

ラーテル

> マジマジ！　猛毒をもつコブラにだって、立ち向かっていっちゃうよ。

タスマニア
デビル

> ん？　ペンギンさんがなんでこの座談会に参加してるの？　べつに肉食でもないし、敵に立ち向かったりしないでしょ。

コウテイ
ペンギン

> あ〜。ぼくらは、羽の力がとにかく強いのよ〜。海を飛ぶように泳ぐでしょ。水をかきわける力が強い。

タスマニア
デビル

> そう言われても、どうも想像つかないけど…。

コウテイ
ペンギン

> 羽でビンタしたら、人間の骨なんかくだけるくらい強い。

タスマニア
デビル

> ペンギンさんを、お…怒らせないようにします…。

証言者 **イッカクさん**

「海のユニコーン（一角獣）」とよばれるが…

角と思いきや長い歯なんです

イッカクの基礎知識	**分類** ほ乳類クジラ目 **分布** 北極圏周辺 **大きさ** 全長3.6〜6.2m

かんちがいされ度

第2章 チガウンデス ～そのイメージは、ちがうかも？～

ユニコーンといえば、ウマのような想像上のいきもので、頭に1本の角がありますが、海にはユニコーンのような角をもついきものが本当にいます…イッカクさんです！

キャップ

イッカク

どもども。ただいま、ごしょうかいにあずかりましたイッカクっす。でも、おれのは角でなく、長い歯なんす。

歯？　だって、口を閉じていても外に出ているよ？

ウサ美

イッカク

上あごにある前歯のうち、左の歯がのびて、皮ふをつきやぶるっす。だから角みたいに見えるっす。

左の歯だけだなんて、不思議だわ。

ウサ美

イッカク

500頭に1頭くらいは、右の歯ものびるやつもいるっす。つまり、2本の長い角…というか歯があることも。

その場合、「ニカク」という名前になることはないの？

ウサ美

イッカク

ないっす。ちなみに歯がのびるのは、ほとんどがオスだけっす。この歯でメスをめぐって戦うっす。

剣のようにぶつけあうんですか？

キャップ

イッカク

そんなのささったら危ないっす。どっちが立派な歯か、くらべあう戦いっすよ、長くて太いほうがモテるっす。

結論

イッカクの角は、<u>上あごの左側の前歯がのびたもの</u>。オスにあり、長くて太いほうがメスをめぐる戦いに勝つ。

111

証言者 **アメンボ**さん

水面をすーいすい
でも、おぼれることがあります

油が落ちておぼれる〜！

バシャバシャ

かんちがいされ度 ★★★★★

アメンボ（ナミアメンボ）の基礎知識
- **分類** 昆虫類カメムシ目
- **分布** 日本、朝鮮半島、中国、台湾など
- **大きさ** 体長11〜17mm

112

第2章 チガウンデス 〜そのイメージは、ちがうかも？〜

アメンボ

ぼくらアメンボは、水たまりや沼の水面に浮かんでいるけど…水によってはおぼれちゃうんだ。

まるでアイススケートみたいに、水面をすいすい浮かぶのも不思議だけど、おぼれるなんて意外〜！

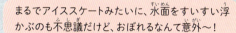
ウサ美

アメンボ

浮かんでいられる理由はかんたんだよ。
6本のあしには細かい毛が生えていて、あしからは油が出るんだ。これを毛にぬりつけることで、油が水をはじいて、浮かぶんだよ。

でも、おぼれる理由がわかりませんね。

キャップ

アメンボ

ほら、洗剤って油を落とすでしょ。水に洗剤なんかが混ざっていると、あしの毛にぬった油が落ちちゃう。それですべれなくなり…。

おぼれちゃうのか〜。水がよごれていたりすると、やばいのね。

ウサ美

そういえば、アメンボさんっていつの間にか、水たまりとかにいますよね。水からわいて出てくるんですか？

キャップ

アメンボ

まさか〜。羽があるんだよ。それで飛んでくるの。

…飛べたんですね。すごくわかりやすい答えでした。

キャップ

結論

アメンボはあしの毛にぬった油で、水に浮く。水が洗剤などでよごれていると、油がとれておぼれてしまう！

113

証言者

シマリスさん

冬になったら冬眠しますが…
実はたまに起きるんです

かんちがいされ度 ★★★☆☆

シマリス（エゾシマリス）の基礎知識
- **分類** ほ乳類ネズミ目
- **分布** 日本（北海道）
- **大きさ** 体長12〜17cm

第2章 チガウンデス 〜そのイメージは、ちがうかも?〜

> リスさんにインタビューに来ましたが…
> タイミング悪く冬眠中でしたね。

キャップ

シマリス

> ん？ いちおう、起きてるべさ。

ウサ美

> 冬眠に入ったら、暖かくなるまで
> 起きないんじゃないの？

シマリス

> そういういきものもいるべな。でも、おらは冬眠
> するにはするけど、**ときどき目が覚める**んだ。

ウサ美

> それ、冬眠なの？

シマリス

> 冬眠だよ。冬は食べものも少ないから、エネルギーを
> なるべく使いたくないんだ。しかも、からだが小さくて
> 脂肪をたっぷりたくわえておくこともできない。だから
> **呼吸や脈はくがすごく減って、動きも止める**。

キャップ

> 省エネ生活をしているわけですね。

シマリス

> そうそう。体温もまるで死んだように下がるよ。で
> も、ときどき起きないと本当に死んじゃうから、**食事を
> してエネルギーをつくったり、トイレに行くんだ**。

キャップ

> トイレに行けば、すっき"リッス"！ というわけですね。

シマリス

> ダジャレがさむすぎて、もう冬眠
> するべさ。おやすみ〜。

結論

シマリスは冬眠するが、
ときどき目が覚めて
食事をしたり
フンやおしっこを
したりする。

チガウンデス認定

証言者 **アリ**さん

巣のために、全員で力をあわせてコツコツ働く **と思いきや2割はサボってます**

かんちがいされ度 ★★★★★

アリ（クロオオアリ）の基礎知識
分類 昆虫類ハチ目
分布 日本全土、中国、朝鮮半島、東南アジア
大きさ 体長7〜12mm

第2章 チガウンデス ～そのイメージは、ちがうかも？～

働きアリさんは日夜、巣の仕事でいそがしいのに取材を受けてくださいまして、"アリ"がとうございます！

キャップ

いえいえ。時間は"アリ"ます。私たちは働きづめと思われがちですが、**いつも全体の2割はサボってますから。**

アリ

え？ 2割…100匹いれば、20匹は働いていないの？

ウサ美

ええ。なかまが食べものを運んだりしていても、じっとしていたり、ただ歩いていたり。正しくは、**仕事の取りかかりがおそい**ということなんですけどね。

アリ

それがサボりよ。その2割、クビにしちゃえばいいのに！

ウサ美

サボっている2割を取りのぞいたら、残りの**働きアリの2割がまたサボる**んですよ。

アリ

それはなぜでしょう？ 理由が"アリ"ませんか？

キャップ

働きアリもつかれます。みんな働いて、いっせいにつかれたら、巣で働けるものがいなくなるでしょ。だから、**働くアリがつかれてくると、仕事の取りかかりがおそいサボっていたアリが、働きはじめる**んです。

アリ

だから、とぎれないで巣の仕事をずっと続けることができるんですね。それならサボるのも"アリ"ですね！

キャップ

結論

働きアリの2割は、仕事の取りかかりがおそいから、ほかの8割のアリが働いている間、サボっている。

チガウンデス認定

証言者 ハリセンボンさん

針が1000本ありそうな名前だけど…

さすがにそんなにはありません

ドヤッ

ハリセンボン3匹そろえば だいたい 針千本! くらい

ハリセンボンの基礎知識	**分類** 条鰭類フグ目 **分布** 世界中の暖かい海 **大きさ** 体長30cm

かんちがいされ度

第2章 チガウンデス 〜そのイメージは、ちがうかも?〜

ハリセンボン

「名前負け」って言葉があるじゃない?

名前が立派すぎて、かえって本人が見おとりしちゃうことですよね。

キャップ

ハリセンボン

ぼくなんか、その代表だ。**からだにいっぱい針があるから、「ハリセンボン(針千本)」なんて名前をつけられたけど、そんなにない**んだよね。数えてみてよ。

え〜、めちゃめちゃめんどくさい。教えてよ。

ウサ美

ハリセンボン

…きみ、なんか苦手だわ。
…**300〜400本**くらいかな。

じゃあ、本当は「ハリサンビャッポンクライ」って名前だったら、名前負けもしなかったのね!

ウサ美

ハリセンボン

…きみ、やっぱり苦手だわ。でも、そういう名前だったら、**生まれたばかりは針がない**から「ハリゼロホン」。

成長するとともに、針ができるんですね。

キャップ

ハリセンボン

この針はね、**うろこが変化したもの**なんだ。ふだんはねかせているんだけど、敵から身を守るときは海水を飲んで胃がふくらむことで、立つんだよ。

フグのなかまだけに、"フグ"らませるわけですか。

キャップ

結論

ハリセンボンの針は、300〜400本くらいしかない!

チガウンデス認定

フグさん

誤解者

食べると危険な毒をもっていますが…
この毒、生まれつきじゃないんです

かんちがいされ度 ★★★★★

フグ（トラフグ）の基礎知識
分類 条鰭類フグ目
分布 琉球列島をのぞく日本各地、東アジア
大きさ 体長70cm

第2章 チガウンデス 〜そのイメージは、ちがうかも?〜

フグ
ぼくたちフグは、食べられたくはないけど、高級食材としておなじみです。

でも、**毒がある**んだよね。それも**超強力**な。

ウサ美

フグ
うん。だから、調理するには、各都道府県ごとに資格が必要ってくらいですよ。

トラフグさんの毒は、**肝臓や卵巣など**にあるんですよね。たしかテトロドトキシンっていう、**熱しても消えない毒**。

キャップ

フグ
そうそう。食べてしまうと、舌先や指先がしびれて、へたしたら死んじゃうこともあるんです。でもね、この毒、**生まれつきもっているものじゃない**んですよ。

え? 毒ってあとからできたりするの?

ウサ美

フグ
毒をもつ細菌や、その細菌を食べたいきものをぼくらが食べることによって、だんだんとぼくらの**体内にたくわえられて**いくんですよ。

じゃあ、細菌を食べないように養殖された**フグは無毒**なんですね。それなら、たら"ふぐ"食べたいです!

キャップ

フグさんを前にしてよく言えますね…。

ウサ美

結論

フグの毒は生まれつきあるものではなく、毒をもつ細菌を食べたりすることで、体内にたくわえられる!

証言者

ムカデさん

ムカデ、クモ、ダンゴムシ…「虫」といわれるけど…
ぼくらは昆虫ではありません！

ムカデ（トビズムカデ）の基礎知識	分類	ムカデ類オオムカデ目
	分布	東アジア、日本（本州以南）
	大きさ	体長11〜15cm

かんちがいされ度

122

第2章 チガウンデス ～そのイメージは、ちがうかも?～

ムカデ: あの～、すいやせん～。あっしらのイメージちがいの話も聞いていただけないでしょうか～。

ウサ美: きゃ！ ムカデさん！ 昆虫って苦手なんですぅ！

ムカデ: それですよ、それ。あっしやクモ、ダンゴムシたちは、昆虫じゃないですから。ときどき、ひとくくりにされますが。

キャップ: ムカデさんって、虫じゃないんですか？

ムカデ: 虫ですよ。ただ、「虫」にははっきりとした分け方がないんす。江戸時代には、ほ乳類、鳥類、魚類以外の小動物を虫といってたみたいです。明治時代には「虫っぽい」ってだけで虫といわれていたみたいなんす。

キャップ: ヘビやトカゲも虫だったということですか。

ムカデ: それがだんだん、陸上にくらす、からだとあしに節をもつ、節足動物のことをいうようになったみたいなんす。

ウサ美: じゃあ、昆虫は？

ムカデ: 節足動物のうち、頭、胸、腹の3つの部分にわかれ、胸から6本のあしがはえているもののことっす。あっしら、ちがうんすよ。

ウサ美: …でも、ごめんなさい。昆虫じゃなくても、やっぱ苦手～。

結論

昆虫は、頭、胸、腹の3つの部分にわかれた節足動物のこと。
ムカデやクモ、ダンゴムシは昆虫ではない！

123

Quiz

かんちがいしてそうクイズ②

キリンの首の レントゲンはどっち？

A

B

問題

ウサ美

首がとっても長いいきもの、キリン。レントゲン写真をとって首の骨のようすを見たんだけど、上のAとBのどちらかは大まちがいなの。どっちが正しいキリンの首かな？

キリンの首の長さは約2.5メートルもあります。だから、首の骨もいっぱいありそうな気がしますよね。ところが、**骨の数は7個で、なんと人間やウサギと同じなんです。** というより、**ほ乳類のほとんどは、首の長さに関係なく、7個！** キリンは首の骨のひとつひとつが大きいのです。ちなみに、ナマケモノのなかまなどは6～9個で、首の骨の数がちがうほ乳類もいるんですよ。

答え

キャップ

答え：A

第3章

チガッタンデス
~名前の由来は、かんちがい~

「かんちがいされた エピソード、募集中！」

いきものたちへの「かんちがい」はまだまだあるはず！ そう思ったキャップとウサ美は、過去にされていたかんちがいを募集してみることにした。すると、ふたりのもとに証言者が続々とやってくるのだった…。

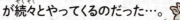

証言者 シロアリさん

白いアリだと思われがちだけど…
アリではなくゴキブリのなかまです！

かんちがいされ度 ★★★★★

シロアリ（ヤマトシロアリ）の基礎知識
- **分類** 昆虫類ゴキブリ目
- **分布** 日本全土、朝鮮半島南部
- **大きさ** 体長4.5〜7mm（働きアリ）

第3章 チガッタンデス ～名前の由来は、かんちがい～

シロアリ: ここでうったえたいことがあれば、聞いてくれるっていうんで来たんだけど…おいしそうな建物ね。

ウサ美: ちょっとちょっと、シロアリさん！ 話は聞きますが建て物は食べないでよ。めいわくだなぁ…。

シロアリ: だってアタシらは、**木が大好物**なのよ。木造の建て物はついついかじりたくなっちゃうのよね。

ウサ美: アリならアリらしく、あまいものでも食べてよね！

シロアリ: それなの、聞いてほしいのは。アタシら、**アリ…いわゆるクロアリとはちがうなかま**なの。

キャップ: なんと！ そんなの"アリ"なんですか？ というかあなたたち、**アリとにている**じゃないですか。

シロアリ: よく見てよ。**アタシらのからだはずん胴。アリはくびれている**。羽アリなら、アタシらは前と後ろの羽の大きさは同じだけど、アリは前の羽のほうが大きい。しょっ角の形だってちがう。

キャップ: たしか、**アリはハチのなかま**ですが、シロアリさんは？

シロアリ: アタシらは**ゴキブリのなかま**なのよ。わかってくれた？

キャップ: なるほど。うったえて、白黒はっきりしてよかったです。

結論

シロアリは
ゴキブリのなかま。
アリ（クロアリ）は
ハチのなかまで、
種類がちがう。

チガッタンデス認定

127

証言者 **ハリネズミ**さん

かたい針のような毛をもつネズミ…？
いいや、モグラのなかまだってばよ！

ハリネズミ（ヨツユビハリネズミ）の基礎知識
分類　ほ乳類トガリネズミ目
分布　アフリカ東部〜西部
大きさ　体長17〜23.5cm

かんちがいされ度 ★★★★☆

第3章 チガッタンデス 〜名前の由来は、かんちがい〜

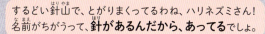

ハリネズミ

よう！ おれにも言わせてくれってばよ！
名前がちがうんだってばよ！

するどい針山で、とがりまくってるわね、ハリネズミさん！
名前がちがうって、針があるんだから、あってるでしょ。

ウサ美

ハリネズミ

ちがうってば。**ネズミのほうがまちがってる**んだってば。おれ、**モグラのなかまなんだ**ってばよ。

土にもぐってくらすの？ その針、じゃまになりそう〜。

ウサ美

ハリネズミ

ちがうってばよ。**ネズミのなかまは、前歯が発達してる**だろ。かたい木の実もかじかじして食べられる。でも、おれは**モグラと同じく虫を食べるから、あんなに丈夫な歯はもっていない**んだってば。

なるほどね。じゃあ、ハリネズミさんは、本当はハリモグラさんだったのね。

ウサ美

ハリネズミ

そこがまたややこしいんだってばよ。**ハリモグラっていう動物もいるんだ**。しかもやつらは、モグラのなかまじゃなくて、**カモノハシのなかま**なんだってばよ。

それじゃ、ダメダメじゃん。

ウサ美

う〜ん、頭が混乱してきて、ダジャレも思いつきません。

キャップ

べつにダジャレはだれも求めていませんよ、キャップ。

ウサ美

結論

ハリネズミはネズミではなく、モグラのなかま。でも、ハリモグラという動物はべつにいて、そちらはカモノハシのなかま。

第3章 チガッタンデス ～名前の由来は、かんちがい～

タラパガニ
> なんじゃワレ、わしんことヨダレたらして見んじゃねぇ！ おまえら、ウサギじゃろ！

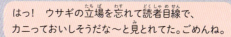
ウサ美
> はっ！ ウサギの立場を忘れて読者目線で、カニっておいしそうだな～と見とれてた。ごめんね。

タラパガニ
> まぁええわ。たしかにわしらはうまいみたいだわな。だが、**わしら、カニじゃねぇぞ**。ほら、あしの数、数えてみろや。

キャップ
> えっと…1、2、3…**ハサミを入れて、8本!?** あれ？ **カニってあしとハサミで10本じゃないんですか？**

タラパガニ
> カニはな。じゃが、わしはカニじゃねぇんじゃ。**ヤドカリのなかま**なんじゃ。

ウサ美
> ヤドカニって、貝がらを背負う、あのヤドカニ？

タラパガニ
> ヤドカニじゃねぇ、ヤドカリだよ。あいつらのなかまなの。まぁ、タラバはズワイよりあしが太くて身が多いから「カニの王様」とよばれているけどな。それは自慢じゃ。

ウサ美
> 食べられることが自慢なの？ なんて前向きな。

タラパガニ
> 当たり前じゃ、わしらは**横歩きしかできないカニじゃなく、前にも歩ける**。つまり、いつでも前向きなんじゃ！

結論

タラバガニは、**カニのなかまではなく、ヤドカリのなかま。横歩きではなく、前にも歩ける。**

チガッタンデス認定

かんちがいの悲劇講座

悲劇のチガッタンデス

座談会参加者

クロサイさん　アイアイさん　リョコウバトさん

クロサイ
> 世の中には、かんちがいから、とっても悲しいことになってしまう話があるの…。

アイアイ
> みんなにも知っておいてほしいっす。

クロサイ
> あたしたちサイは、顔の先に角があるでしょ。この角を人間たちが、「漢方薬になる」と思いこんで…。

クロサイ
> **角をとるために、現在も密猟が続いている**わ…。たくさんのサイが殺されて絶滅の危機にあるの。ちなみに薬になんかならないのに！

アイアイ
> ぼくらの悲劇もひどい話っす。見た目がちょいこわいっすよね。それに暗くなってから活動するものだから…。

アイアイ
> であったら、殺さなければ**不幸になる**「悪魔の使い」とかいわれちゃって、どんどん殺されちゃった。マダガスカル島では、**生息数が激減している**っす。

132

第3章 チガッタンデス 〜名前の由来は、かんちがい〜

クロサイ

まだきみたちは、かんちがいを正すことができる。

リョコウバトさん…の霊！ あなたは絶滅したのよね。

リョコウバト

ああ、そうなんだ。かつて地球に50億羽もいたが、作物をねらう鳥としてや、食用の鳥肉としてなどで、毎年1000万羽以上が殺された。

リョコウバト

しかも、人間たちは、わたしたちを鉄砲で撃つ遊びをしていた。その結果、100年ほど前に絶滅したんだ。

リョコウバト

アイアイ

数が減っていくなかで、保護されたりしなかったっすか？

もちろん、保護する法律ができようとした。が、「数が多いから絶滅の心配はない」と思いこまれてね…。

リョコウバト

クロサイ

気がついたときにはおそかったのね…もう人間には二度と同じようなあやまちをおかしてほしくないわね…。

133

シロサイさん

証言者

色が白いからシロサイ、黒いからクロサイ？
名前の由来は色のちがいじゃない！

シロサイの基礎知識
- **分類** ほ乳類ウマ目
- **分布** アフリカ（中央〜南アフリカ）
- **大きさ** 体長335〜420cm

かんちがいされ度 ★★★★★

第3章 チガッタンデス 〜名前の由来は、かんちがい〜

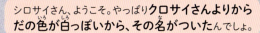
シロサイさん、ようこそ。やっぱりクロサイさんよりからだの色が白っぽいから、その名がついたんでしょ。

ウサ美

シロサイ
色なんて、クロサイとそんなに差はないんですよ。

いわれてみれば…くらいの色のちがいですよね。くらべてみると、口の形がちがいますかね。

シロサイ
お、いいところに気づきましたね。あたしたちシロサイは、はば広のシャベルのような口。地面の草を食べるのに便利なの。クロサイは先がとがった口をしていて、木の葉や小枝を食べるのに都合がいいのよ。

もしかして、色の差がないなら、口の形が名前の由来と関係あるの?

ウサ美

シロサイ
そうね。あたしたちは口元が平らで広いでしょ。だから、アフリカの人が「ワイド（広い）」と言ったのを学者が「ホワイト（白い）」と聞きまちがえて、シロサイになったの。

クロサイさんは?

シロサイ
あたしらが「白」なら、口の形がちがうもう一方は「黒」だろう…って、すごく適当に決められたのよ。

クロサイさんの立場を思うと、なみだが出そう…。

ウサ美

結論

聞きまちがいから、シロサイとクロサイの名前がつけられた。

チガッタンデス認定

135

ゴキブリさん

昆虫界

大むかしから
すがた、形を変えず
生きてきたけど…

名前は明治時代に変わりました！

かんちがいされ度
★★★★★

ゴキブリ
（クロゴキブリ）
の基礎知識

- **分類** 昆虫類ゴキブリ目
- **分布** 日本全土、中国、台湾
- **大きさ** 体長25～30mm

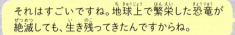
第3章 チガッタンデス ～名前の由来は、かんちがい～

ゴキブリ

ぼくたち、2億年以上も前から地球にいて、ほとんどすがた、形を変えずに生きのびてきたんだよ。

それはすごいですね。地球上で繁栄した恐竜が絶滅しても、生き残ってきたんですからね。

キャップ

ゴキブリ

だけどさ…名前についてはひとこと文句言いたいの。「ゴキブリ」はさ、約150年前の明治時代からなんだ。

名前は何億年も続いたわけじゃないのね。

ウサ美

ゴキブリ

それどころか、人間のミスで「ゴキブリ」になったんだ。その前の江戸時代には、食器（御器）をかじるから「御器かぶり（ゴキカブリ）」ってよばれていたんだ。これは日本初の百科事典にものっているよ。

さすが歴史あるいきものね。それで？

ウサ美

ゴキブリ

ところが、明治時代に生物学用語集がつくられたとき、まちがえて「ゴキブリ」って書かれちゃったんだ。この用語集を元に図鑑や教科書がつくられたものだから、以後、ず～っと「ゴキブリ」になったってわけ。

一度も直されなかったんですか！ それはゴキブリさんが"ゴキ"げんななめになるのもわかりますね。

キャップ

結論

本でまちがえて書かれたために、「ゴキブリ」という名前になってしまった！

チガッタンデス認定

137

ブッポウソウさん

証言者

ありがたい鳴き声から
その名がついたけど…
**でも鳴き声は
別の鳥のものだった!**

ブッポウソウの基礎知識
分類 鳥類ブッポウソウ目
分布 中国、朝鮮半島、東南アジア、ニューギニア島、オーストラリア、日本（九州～本州）
大きさ 全長25～34cm

かんちがいされ度 ★★★★★

第3章 チガッタンデス ～名前の由来は、かんちがい～

あ。ブッポウソウさん。どうしたの、やさぐれちゃって。その美しい羽の色と神聖な名前に、にあわないわよ。

ウサ美

名前の由来の「仏法僧」は、仏（おしゃか様）、法（仏の教え）、僧（仏の教えを広める人）のことですよね。

キャップ

ブッポウソウ

けっ！ そんな大げさな名前、つけられたくなかったぜ。だいたい、「ブッポウソウ」と鳴くと思われたのが名前の由来だが、その鳴き声、別の鳥のものだ。

じゃあ、だれが「ブッポウソウ」って鳴くの？

ウサ美

ブッポウソウ

コノハズクだよ。あいつらが近くで鳴いていたんだけどな、**おれたちを見た人間が「あのきれいな鳥が鳴き声の主だ」ってかんちがいしたんだ。**

美しいすがたと鳴き声のイメージが重なったんですね。

キャップ

ブッポウソウ

だいたい、おれの鳴き声聞いたら、すがたとのギャップに、びっくりするぜ。

気になってたの、聞かせて聞かせて。

ウサ美

ブッポウソウ

…グェグェグェ…ゲゲゲゲ…。

う〜ん…神聖な感じ…ではないかも…。

ウサ美

結論

コノハズクの「ブッポウソウ」という鳴き声をブッポウソウの鳴き声とかんちがいされて、その名をつけられた。

チガッタンデス認定

トウキョウトガリネズミさん

証言者

名前に「トウキョウ」とつくけど…
東京でくらしていないんです！

かんちがいされ度
★★★☆☆

トウキョウトガリネズミの基礎知識
- **分類** ほ乳類トガリネズミ目
- **分布** 日本（北海道）
- **大きさ** 体長3.9〜4.5cm

第3章 チガッタンデス 〜名前の由来は、かんちがい〜

トウキョウ
トガリネズミ

やれやれ。今となってはもう、しょうがないことだとは思っているけどさ…ちぐはぐな名前だよ、ホント。

北海道にしかいないのに、なぜか名前に「東京」とつきますよね。どうしてそうなったのか教えてください。

キャップ

トウキョウ
トガリネズミ

書きまちがいなんだよ、1903年に、おれたちを発見したイギリスのホーカーっていう動物学者の。

それって、どういうこと?

ウサ美

トウキョウ
トガリネズミ

ホーカーさんがさ、標本ラベルに、北海道のむかしの名前の「蝦夷（Yezo）」と書くべきところ、東京のむかしの名前「江戸（Yedo）」ってまちがえて書いたんだよ。

それで「トウキョウトガリネズミ」になっちゃったの？　単純なミスだったのね。

ウサ美

ネズミだけに、"寝ず"に記録したから、ミスっちゃったんですかね。

キャップ

トウキョウ
トガリネズミ

どうだかな。ついでにいえば、**おれはネズミじゃなくて、モグラのなかまに近いんだよ。**

東京にいないし、ネズミじゃないし…ややこしい〜。

ウサ美

結論

北海道にいるトウキョウトガリネズミは、**まちがって「トウキョウ」と名づけ**られた。しかもネズミじゃなくてモグラのなかま。

141

証言者 インドリさん

マダガスカル島で最大のサル！
「あれを見て」が名前になりました

インドリの基礎知識
- **分類** ほ乳類サル目
- **分布** アフリカ（マダガスカル）
- **大きさ** 体長75〜80cm

かんちがいされ度

第3章 チガッタンデス 〜名前の由来は、かんちがい〜

> まちがいから名前がつけられること、いっぱいあるのね。

ウサ美

インドリ

> ぼくちゃんなんて、名前ですらない言葉が名前になったんでしゅよ。

> インドリさん、それはどういうことですか？

キャップ

インドリ

> むかしね、ぼくちゃんたちがくらすマダガスカル島を、フランスの学者が調べにきたんでしゅ。学者を案内していた現地の人が、ぼくちゃんを指差して「エンドリナ（あれを見て）」と言ったんでしゅ。

> もしかして、その「エンドリナ」を、学者はインドリさんの名前だと思ったとか？ でも、それなら「エンドリナ」って名前になるんじゃ？

ウサ美

インドリ

> まちがいはもうひとつ、起きたんでしゅ。現地の人の「エンドリナ」という言葉を、学者の助手が「インドリ」と聞きまちがえてしまったんでしゅよ。

> 「あれを見て」という言葉を名前だと思われ、さらに聞きまちがい…ダブルで悲しすぎますね。ちゃんとインドリ…いや、聞きとりしてほしいものです。

キャップ

インドリ

> ぼくちゃんの名前を使ったダジャレのレベルも悲しすぎましゅ…。無理にダジャレにしないでくだしゃい。

結論

> マダガスカル島の人の「あれを見て」という言葉を、フランス人がサルの名前だと思い、しかも聞きまちがえてつけられた。

チガッタンデス認定

Column

まだいます、チガッタンデス！
サルじゃない、ブタじゃない

証言者 ヒヨケザルさん

ぼくは名前に「サル」ってつくものだけど、**サルのなかまじゃない**。すがたを見れば、ムササビのような飛まくがあって、枝から枝へかっ空できるけど、ムササビのなかまでもない。じゃあ、何のなかまなのかといえば、むかしはモグラやコウモリのなかまとされたけど、その中間の「ヒヨケザル」という独立したなかまだよ。

証言者 ツチブタさん

おれのかわいい鼻、見てよ。まるでブタみたいでしょ。敵にあうと、土をほって穴をつくって身をかくすの。だからツチブタ。でもね、くらしはブタとぜんぜんちがう。アフリカの草原なんかで夜に動き回って、細長い舌でシロアリをなめとって食べているんだ。大むかしのいきものの生き残りで、1種類しかいないいきものなの。

第4章

恐竜のウソナンデス
~大切なのは、かんちがいのつみかさね!!~

「わしじゃ、恐竜じゃ。
聞いておくれ」

取材がおわり、家で寝ようとしていたウサ美の枕元で、だれかが言った。見るとそこには、大昔に絶滅した恐竜のすがたが！ 恐竜について知ることができるのは、長い時間をかけた研究のおかげだ。しかしその裏には、たくさんの「かんちがい」のつみかさねがあったのだ。

証言者 **トリケラトプス**さん

同じ恐竜でも本によって色がちがうけれど…?
恐竜の色、実は想像なんです!

トリケラトプスの基礎知識		
名前の意味	3本の角のある顔	
大きさ	全長6〜9m	
生息時期	白亜紀後期	化石産出地 カナダ、アメリカ

かんちがいされ度 ★★★★★

第4章 恐竜のウソナンデス ～大切なのは、かんちがいのつみかさね!!～

トリケラトプス

おい、ウサ美…ウサ美よ。起きろ…。

ムニャムニャ…へ？ 夢まくらに、恐竜が…あ、あなたはトリケラトプスさん！ 絶滅したはずじゃ!?

ウサ美

トリケラトプス

おまえにいいことを教えてやろうと思って現れたのじゃ

あ、あの、いったい何を教えてくれるの？

ウサ美

トリケラトプス

おまえは、恐竜図鑑などで、**同じ名前の恐竜なのに、本によって色やすがたがちがう**と思ったことはないかな？

あります！ あります！ 同じ恐竜でも、色やすがたはちがうものがいるのかと思っていました。

ウサ美

トリケラトプス

それはまちがいじゃ。恐竜は生きていないので、想像でえがかれるのじゃ。からだの形は化石から復元し、化石に残りにくいすがたや色は、今、生きているいきものを参考にして想像でえがいているのじゃ。

だから絵をかく人によって、ちがいがあるのね。

ウサ美

トリケラトプス

ちなみに最近、羽毛が残った化石が見つかるようになって、本当の色がわかる恐竜もいるぞ。

その場合は、本当の色でえがかれるのね。

ウサ美

結論

恐竜のすがたや色は、現在のいきものを参考に、<u>想像でえがかれている</u>。ただし、羽毛の<u>化石などから色がわかったものは正しい色でえがかれる</u>。

証言者 イグアノドンさん

今ではするどい親指が特徴ですが…
最初は角でした！

前はこうだったが…

今はコレだ！

かんちがいされ度 ★★★★★

イグアノドンの基礎知識	名前の意味	イグアナの歯	生息時期	白亜紀前期
	大きさ	全長約10m	化石産出地	ヨーロッパ、アジア

148

第4章 恐竜のウソナンデス ～大切なのは、かんちがいのつみかさね!!～

イグアノドン

おい、ウサ美…ウサ美よ。起きろ…。わしもおまえにいいことを教えてやろうと思って、来たぞ。

ムニャムニャ…わたし、超ねむいんだけど…って、あなたはイグアノドンさん！

ウサ美

イグアノドン

わしらの特徴といえば、前あしのするどい親指なんじゃ。でも最初、ちがう部分だと思われておった。ど〜こじゃ？

こんな夜中に起こされていきなりクイズなんて、めんどくさい〜。とがってんだから、角じゃない？

ウサ美

イグアノドン

ピンポ〜ン。サイのような鼻の先の角と思われたんじゃ。

どうしてサイみたいな角と考えられたのかしら？

ウサ美

イグアノドン

…わからん。とがっているし、立派だったから、指に見えなかったのかもな。

よくわからないのね。

ウサ美

イグアノドン

その後、全身がそろった化石が見つかって、親指だとわかったんじゃよ。ちなみに親指は、身を守る武器に使われたとか考えられておる。

ちょ！ 消える前に、何に使われたのか教えてけ〜！
ウサ美

結論

イグアノドンのするどくとがった骨の化石は、前あしの親指の化石だったが、最初は角だと思われていた。

ウソ恐竜の認定デス

149

証言者 ティラノサウルスさん

恐竜界No.1のスターですが…

すがたの想像図が安定しません！

まだまだ変わるかもな

NEW!

かんちがいされ度 ★★☆☆☆

ティラノサウルスの基礎知識
- 名前の意味：あばれんぼうトカゲ
- 大きさ：全長12〜13m
- 生息時期：白亜紀後期
- 化石産出地：アメリカ、カナダ

第4章 恐竜のウソナンデス 〜大切なのは、かんちがいのつみかさね!!〜

ティラノサウルス: おい、ウサ美…ウサ美よ。起きろ…。

ウサ美: 起きてます! 今夜も恐竜の霊が現れると思って、お待ちしておりました! ところで、あなた…だれ?

ティラノサウルス: な、なんじゃ? わしを知らんのか? 恐竜界一の大スター、ティラノサウルスじゃ!

ウサ美: え〜。ティラノサウルスといえば、うろこにおおわれたすがたじゃない? あなた、なんか生えてる!

ティラノサウルス: 最近の研究で、わしらの原始的ななかまから羽毛が発見された。それでわしらにも羽毛が生えていたかも、という説がでてきたんじゃ。

ウサ美: 発見によって、ぜんぜん変わっちゃうのね。

ティラノサウルス: うむ。最初わしは、怪獣のように直立して尾をひきずっているすがただったんじゃ。それが尾を水平にして立つすがたに変化し、羽毛恐竜になった。研究の成果じゃ。

ウサ美: ん? じゃあ、この先も変わる可能性があるの?

ティラノサウルス: ああ。今回は最近の説のひとつにあわせてみたんじゃ。真実がわかったら面白くないじゃろ。サービスじゃ。

ウサ美: いやいや、真実を教えてよ〜! …ってまた消えた!

結論

ティラノサウルスの想像図は、垂直に立つすがたから、尾を水平にしたすがたに変わり、最近では羽毛が生えたすがたになった。

恐竜のウソナンデス認定

151

第4章 恐竜のウソナンデス 〜大切なのは、かんちがいのつみかさね!!〜

ウサ美: また今夜も現れたわね、恐竜！ 待ってたわよ！ で、何を教えてくれるの？

ステゴサウルス: **わしの背中には、骨の板がある**んじゃよ。今、生きているいきものに、こんなものはないんじゃ。だから、**いろいろな想像がされた。**

ウサ美: 参考にできるいきものがいないなら、そうか…。

ステゴサウルス: 甲らのように背中をおおっていたとか、板が1列に並んでいたとか、いろいろ考えられたんじゃ。

ウサ美: で…あなたを見れば一目りょうぜんよね。すがたを消す前に、背中見せて！

ステゴサウルス: いくらでも見よ！ 最近、骨の板が並んだままの化石が見つかって、**板は2列でたがいちがいについていたことがわかったんじゃからな！**

ウサ美: ついに真実を見せてくれたわね。すっきり！ でも、**骨の板には何の役割があるの？**

ステゴサウルス: 板には血管が通っていて、体温が上がったときに風を当ててからだを冷やしていたようじゃ…まぁ、わからんが…。

ウサ美: 待て〜！ 消えるな〜！ その答えも教えてけ〜！

結論

ステゴサウルスの背中にある骨の板は、2列でたがいちがいに並んでいたことが近年、わかった。

恐竜のウソナンデス認定

153

パキケファロサウルスさん

証言者

かたい頭を
ぶつけあって戦ったと
いわれていたけど…
**首が弱くて、頭を
ぶつけあえませんでした**

ガガーン

こんなことしたら
わしらの首は
ポッキリ
いっちゃうヨ…♦

ポキッ

かんちがいされ度
★★★★★

パキケファロ
サウルス
の基礎知識

名前の意味	厚い頭のトカゲ
大きさ	全長約5m
生息時期	白亜紀後期
化石産出地	アメリカ

第4章 恐竜のウソナンデス ～大切なのは、かんちがいのつみかさね!!～

今夜の恐竜は…パキケファロサウルスさんね。毎晩、ねむいから、そろそろキャップのほうに現れてよ。

ウサ美

パキケファロサウルス

それはめいわくをかけてしまったな。でも、わしらもウソ情報でめいわくをかけられたんじゃ。話を聞いてくれ。

わたし、関係ないんだけど…。
まぁいいわ。どんなことがあったの?

ウサ美

パキケファロサウルス

わしらは堅頭竜といって、頭の骨が厚くてかたいんじゃ。そのため、なわばり争いのときに、頭どうしを激しくぶつけあって戦う絵がえがかれた。あれ、痛々しくて…。

どういうこと? 頭がかたいなら大丈夫じゃない。

ウサ美

パキケファロサウルス

頭はな。しかし、首の骨が発見された。その結果、実は頭突きのショックでおれちゃうほど、首の骨が弱いことがわかったんじゃ。

じゃあ、その立派な頭は、なわばり争いには使っていなかったのね。

ウサ美

パキケファロサウルス

いや。頭を下げて、その立派さのくらべあいでなわばり争いをしたなどの説がある。

争う相手に頭を下げる…なんか平和な戦いで好きよ♥

ウサ美

結論

パキケファロサウルスのかたい頭は、ぶつけあいに使うのではなく、立派さくらべに使ったという説がある。

ウソ恐竜の認定ナンデス

155

オヴィラプトルさん

証言者

「卵どろぼう」と名づけられましたが…
自分の卵を温めていただけなんです

かんちがいされ度
★★★★★

オヴィラプトルの基礎知識
- 名前の意味　卵どろぼう
- 大きさ　全長約1.5m
- 生息時期　白亜紀後期
- 化石産出地　モンゴル、中国

156

第4章 恐竜のウソナンデス 〜大切なのは、かんちがいのつみかさね!!〜

今夜は、恐竜の霊はキャップのほうに行くだろうから久々にゆっくりねむれるわ…って！　いるし！　あなた、オヴィラプトルさんじゃない？

ウサ美

うらめしや、うらめしや〜。「オヴィ（卵）ラプトル（どろぼう）」という名前〜！　わたし、**卵なんてぬすんでいないのに〜〜。**

オヴィラプトル

じゃあ、なにをぬすんでいたの？
食べもの？

ウサ美

なんで「ぬすみ」前提なのよ！　ちがうちがう。わたしの化石は、卵がある巣のそばで見つかったの。そのため、卵どろぼうに来た恐竜だと考えられたけど…　**巣は自分のもの！　自分の卵を温めていていたのよ！**

オヴィラプトル

ええ〜！　卵の世話をしていたのに、どろぼうよばわり。その誤解はとかなきゃ！

ウサ美

いえ、人間たちも今では、**巣がわたしたちのものだと知っている**わ。ただ…名前は「卵どろぼう」のまま変えてもらえないのよ〜〜、うらめしや〜！

オヴィラプトル

なんだ。誤解がとけているなら、それでいいじゃない
…毎晩、恐竜がやってきて、ねむらせてもらえないわたしのほうが、うらめしいわよ。

ウサ美

結論

オヴィラプトルは、ほかの恐竜の卵をぬすみに来たと考えられ、その名がついたが、**本当は、自分の卵の世話をしていた。**

157

第4章 恐竜のウソナンデス ～大切なのは、かんちがいのつみかさね!!～

プテラノドン

おい、キャップ…キャップよ。起きろ…。プテラノドンじゃ。

はいはい！ お待ちしておりました。ウサ美くんから、毎夜、恐竜が現れると聞いて、うらやましかったんですよね！ く～、お会いできてうれしいです。

キャップ

プテラノドン

なんと！ 恐竜を待っておったか。それはすまん！ わし、**恐竜じゃなくて、翼竜**なんじゃ。

え？ 翼竜って、空飛ぶ恐竜じゃないんですか？

キャップ

プテラノドン

恐竜とは、かんたんに言えば、あしが胴体からまっすぐ下に出ている、は虫類のことじゃ。

すると、あなたは翼があるから恐竜ではなく…鳥？

キャップ

プテラノドン

鳥の翼は、うでの羽毛でできとるが、翼竜の翼は、うでとからだの間をつなぐ皮ふがのびたもので、ちがう。わしは**恐竜とは別のは虫類**なんじゃ。

ということは…海にいる首の長い恐竜も、恐竜じゃない？
キャップ

プテラノドン

うむ。フタバサウルスなどの首長竜は、あしがヒレになっているからの。やはり、恐竜ではない。

それでも、恐竜時代のいきものに会えてうれしいです！
キャップ

結論

プテラノドンなどの翼竜や、フタバサウルスなどの首長竜は、<u>恐竜と同じ時代に生きたは虫類。</u>

159

Quiz

かんちがいしてそうクイズ③
「シカに注意」の標識の絵 日本のシカはどっち?

A

B

問題 ウサ美

AとBは、「動物飛び出し注意」の標識だよ。シカの飛び出しを注意する標識のうち、**日本のシカ**をモデルにした絵は、どっちかな?

答え キャップ

日本のシカがモデルなのは、Bの標識です。 でも、わたしたちがよく見る、シカの飛び出し注意の標識はAで、実は外国のシカ…オジロジカのなかまがモデル。日本にはいないシカで、**日本のシカと角の向きがちがうんです。** なぜ、外国のシカの絵になったかと言えば、日本の道路標識を今のものに決めたとき、外国のものを参考にしたからなんです。両方使われているので、まちがえてもシカたがない。

答え:B

第5章

イタンデス
~ウソだと思われたいきもの発見物語~

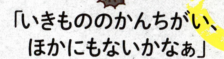

「いきもののかんちがい、ほかにもないかなぁ」

ウサ美は、倉庫で過去の資料を見てみることにした。そこで彼女が見つけたのは、「ウソだと思われたいきもの発見物語」という記事。つくり物だと思われたり、伝説の怪物と間違えられたり…。今では知られているいきものでも、発見されるまでにはいろいろなかんちがいがあったのだ。

イタンデスFile 01

ウソだと思われたいきもの発見物語①

つくり物だとかんちがいされました

カモノハシの基礎知識
- 分類 ほ乳類カモノハシ目
- 分布 オーストラリア東部、タスマニア
- 大きさ 体長31〜40cm

報告者 カモノハシさん

カモのくちばしをもつ毛皮

ぼくらカモノハシが、オーストラリアでヨーロッパの人々に発見され、その毛皮がイギリスに送られたのは、1799年のこと。

毛皮を見た動物学者は「これは鳥なのか？ ほ乳類なのか？」とびっくりしました。なぜなら、カモにそっくりなくちばしがあり、短いあしには水かきとかぎづめ、ビーバーのように平らな尾があったからです。

動物学者が「つくり物」だと怒った！

当時、知られていたいきものにくらべて、すがたがあまりにも奇妙だったので、「カワウソにくちばしをくっつけた、つくり物じゃないか！ だまされた！」と、学者は怒りました。

でも、学者がくわしく調べてみると、さらにびっくり。毛皮には、くちばしをくっつけたようなあとがなかったからです。

第5章 イタンデス ～ウソだと思われたいきもの発見物語～

ほ乳類なのに、卵を産むは、毒はあるは…

ようやく本当にいる動物だとわかってもらえました。そして「カモのようなくちばし」をもつことから、ぼくらは「カモノハシ」と名づけられたのです。

でも、話はこれで終わりではありません。どんないきものなのか、さっぱりわからないから、いろいろ調べられました。そしてまたしても学者はびっくり！

ほ乳類は赤ちゃんを産んで、乳首から乳を出して育てますが、ぼくらは卵で子を産み、しかも乳はおなかのしわから出します。

また、毒をもつほ乳類はあまりいませんが、ぼくらのオスの後ろあしのつめ（けづめ）には毒があります。

実は、ぼくらは大むかしの生き残りのほ乳類だったのです。だから、今のいきものとちがうんですね。

まとめ

カモノハシが奇妙なすがたや生態をもつのは、大むかしのいきものの生き残りだったから。

イタンデスFile 02
ウソだと思われたいきもの発見物語②
伝説のドラゴンだとさわがれました…

コモドオオトカゲの基礎知識
- 分類 は虫類有鱗目
- 分布 インドネシア（小スンダ列島の一部）
- 大きさ 全長200～300cm

報告者 コモドオオトカゲさん

「伝説のドラゴン発見」と大さわぎ

おれの名前はコモドオオトカゲっていうんだが、「コモドドラゴン」ってよばれることもある。ドラゴンというのは、もちろん伝説の怪物のことだ。

なぜ、そんな怪物の名でよばれるかといえば、1911年におれのすがたをはじめて見た人間がおどろき、「伝説のドラゴンが発見された」と大さわぎしたからなんだ。

くわしい調査で、大きなトカゲとわかった

1912年、ドラゴン発見が事実なのか、くわしい調査がはじまった。その結果、ドラゴンではなくトカゲであることがわかった。

それでもおどろいたことに変わりはない。なにせ、おれは全長3メートル、体重140キロの巨体。トカゲのなかでも、世界最大だったのだから。

164

第5章 イタンデス 〜ウソだと思われたいきもの発見物語〜

危険ないきものだが、実はこわがり！

　見た目がドラゴンのようだし、巨体だし、いきものの死体や、シカ、ブタなどの大型のほ乳類を食べる。しかも、するどいつめや、骨もかみくだく強いあごをもつ。

　そんな事実が明らかになるにつれ、ドラゴンではなかったものの、どう猛でおそろしいいきものだと知られるようになった。しかも、毒をもつことまでわかった。

　だが、それは正しくもあり、まちがいでもあることを、ここで報告する。

　というのも、おれがおそうのは、ほぼ、なわばりに勝手に入ってきたやつだけだ。人間に近づくこともほとんどない。だって、立ち上がった人間は、巨大でおそろしく見えるからな。ドラゴンとはいうが…こわがりなんだよな。

まとめ

コモドオオトカゲは、ドラゴンとまちがわれるほど巨大で危険な力をもつが、じっさいはとてもこわがりないきもの。

イタンデスFile 03
ウソだと思われたいきもの発見物語 ③

なかなか新種と認められませんでした

ジャイアントパンダの基礎知識
- 分類 ほ乳類ネコ目
- 分布 中国
- 大きさ 体長120〜150cm

報告者 **ジャイアントパンダさん**

「神の使い」とされためずらしいいきもの

ぼくは4000年以上前から、中国のいろいろな本に、「神の使い」や「鉄を食べるクマのような白黒の動物」として書かれていました。そう、ぼくのすむ中国では、知られてはいたんです。でも、めずらしく、貴重だったため、はっきりと、どんないきものなのかは、わからなかったみたいです。

世界に知られたのは、わずか150年前!

そんなぼくらが世界中に知れわたったのは、1869年のこと。フランスの神父さんが中国を旅していたときに、白と黒のいきものの毛皮をはじめて見たのです。神父さんは「こんないきものがいるのか」とおどろき、毛皮と骨を手にいれると、フランスの学者に送りました。

その結果、1870年に新種として認められ、知られるようになったのです。

第5章 イタンデス ～ウソだと思われたいきもの発見物語～

「パンダ」より大きいから「ジャイアントパンダ」

さて、新種なので、最初はもちろんぼくには名前がありません。

そこでまず、ぼくと同じように、前あしにタケやササを上手ににぎれる出っぱりがあり、タケやササを食べるいきもののなかまと考えられました。それが「パンダ」です。

このパンダよりも、ぼくらはとても大きいので、「ジャイアント（大きい）パンダ」と名づけられたのです。

ところで、ぼくの名前の元になったパンダですが、今では「レッサーパンダ」として知られています。「レッサー」とは「より小さい」という意味です。ぼくより先に見つかっていたので「パンダ」とよばれていたのですが、ぼくの方がよく知られるようになったため、レッサーパンダとよばれるようになったのです。先輩なのに、悪いことをしましたね。

> **まとめ**
> 大むかしから貴重ないきものとして知られていたが、150年前に新種として認められ、世界中に知られるようになった。

167

イタンデスFile 04
ウソだと思われたいきもの発見物語 ④

本当はいない動物と思われていました…

コビトカバの基礎知識		
	分類	ほ乳類ウシ目
	分布	西アフリカ
	大きさ	体長170～195cm

報告者 **コビトカバさん**

多くの学者が認めなかった

今ではジャイアントパンダ、オカピとならぶ3大珍獣なんていわれるおいらだけど…なかなか「本当にいる」って認められなかったのよ。そりゃそうだよね、小さなカバなんて想像つかないでしょ。150年ほど前に骨が見つかっても、赤ちゃんが動物園で飼われたときも（すぐ死んじゃったから）認められなかったんだ。

小さなカバ…？
ないよー
ないない

ほかのいきもののうわさが本当だった

それから40年以上がすぎた1910年、ドイツの動物商人が、西アフリカのリベリアには「センゲ」と「ニグヴェ」という怪物がいるという情報を知ったのよ。
センゲの正体は、モリイノシシだとわかり、それならニグヴェもいるだろう…といわれ出した。そして、うわさされるニグヴェの特徴が、まさに小さなカバそのものだった。

センゲ＝モリイノシシ

ニグヴェ＝？？？

第5章 イタンデス〜ウソだと思われたいきもの発見物語〜

本当にいた！ 伝説の怪物 "ニグヴェ"

　この話を聞いたドイツの探検家が、「それならコビトカバはいるにちがいない」とリベリアで調査をはじめたのよ。しかし、現地人は「ニグヴェはもういない」と、調査に協力してくれなかった。それだけおいらは数も少なかったってわけ。

　でも探検家はあきらめなかった。何か月もかけて森林をさまよい、うわさどおりの、ヤギほどの大きさのカバ…つまり、おいらたちコビトカバを発見したんだ。まぁ、おいら、そのときはにげちゃったんだけどね。

　探検家は帰国して「コビトカバを見つけた」と話したけど、だれも信じなかった。それでもう一度、リベリアで調査をして、1913年にようやくおいらをつかまえることに成功。やっと、本当にいることがわかったんだよね。

まとめ
骨が見つかっていたり、赤ちゃんが動物園で飼われていたりしたが、コビトカバとは信じられなかった。1913年、ようやく生けどりにされて、存在が認められた。

イタンデスFile 05

ウソだと思われたいきもの発見物語 ⑤

一度は絶滅したと思われた珍獣です

シフゾウの基礎知識
- **分類** ほ乳類ウシ目
- **分布** アジア（中国原産）
- **大きさ** 体長183〜216cm

報告者 **シフゾウさん**

シカ＋ウシ＋ウマ＋ロバ＝シフゾウ

角はシカ、ひづめはウシ、頭はウマ、尾はロバに似ているけれど、その4種の、どのいきものでもない…そんなことから、わたしは「四不像（シフゾウ）」とよばれているわ。

それぞれのいきものが交配して生まれたわけでもなく、まぁ、それぞれの特徴をあわせもったように見えたのね。

合体

皇帝が狩猟をするために飼われていた

今から150年ほど前、フランスの神父が中国に来たの。そのとき、中国の皇帝がわたしたちを狩るために、塀で囲った場所で飼っているのを見た。神父は、4種のいきものの特徴をもつシカのなかまがいたので、びっくり。はじめて見たいきものだったので、信じられない思いで中国の政府に頼んで、3頭を母国におくったの。

第5章 イタンデス〜ウソだと思われたいきもの発見物語〜

生まれた中国では絶滅、しかしヨーロッパで生きていた

　フランスで調べた結果、わたしたちは新種として認められたわ。そして、中国から10頭が、ヨーロッパの動物園におくられたの。これがわたしたちの絶滅を防ぐなんて、想像もできないことだったわ。

　というのも、その後、中国では大洪水や食糧不足、戦争が起こり、1900年にわたしたちは全滅してしまったの。さらに、ヨーロッパでも戦争によって、動物園にいたシフゾウは死んでしまい、これで絶滅したと思われたの。

　ところが、イギリス人貴族が、自分の屋敷の庭園でわたしたちを飼育していたのよ。

　今もシフゾウは世界の動物園に1500頭しかいないわ。これらはみんな、イギリス人貴族が育てていたシフゾウの子孫なの。

まとめ

4種のいきものの特徴をもつシカのなかま、シフゾウは、中国原産。中国では全滅したが、イギリスの貴族が飼っていた子孫が、今も生きている。

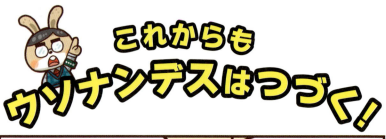

さくいん

ほ乳類

アイアイ	132
アシカ	92
アライグマ	54
イエネコ	26
イッカク	110
イノシシ	32
イルカ	58
インドリ	142
ウシ	22
オオアルマジロ	60
オポッサム	40
カバ	74
カモシカ	62
カモノハシ	162
キリン	88, 124
クロサイ	132
コビトカバ	168
ゴリラ	80
シフゾウ	170
シマリス	114
ジャイアントパンダ	28, 166
シャチ	94
シロサイ	134
スカンク	46
センザンコウ	92
タスマニアデビル	108
チーター	76
ツチブタ	144
トウキョウトガリネズミ	140
トラ	30
ナマケモノ	102
ナミチスイコウモリ	56
ハイイロオオカミ	84
ハリネズミ	128
ヒグマ	50
ヒヨケザル	144
ブタ	90
ブチハイエナ	20
ホッキョクグマ	96
マッコウクジラ	104
モグラ	64
モモンガ	92
ラーテル	108
ライオン	78
ラクダ	52
ワラビー	58

鳥類

ウグイス	72
オシドリ	18
コウテイペンギン	82, 108
タカ	58
ツバメ	106
フクロウ	66
ブッポウソウ	138
メジロ	72
ヨタカ	70

この本に登場したいきものを、なかま（分類）ごとに五十音順で紹介しているよ！

リョコウバト……………………132

は虫類

アカウミガメ …………………… 44
イリエワニ……………………… 86
インドコブラ …………………… 36
カメレオン……………………… 34
コモドオオトカゲ ……………164
マタマタ ……………………… 40

魚類

ハリセンボン …………………118
ピラニア ……………………… 16
フグ……………………………120
ホホジロザメ ………………… 14
マンボウ ……………………… 42

昆虫類

アメンボ ………………………112
アリ ……………………………116
ゴキブリ ………………………136
シロアリ ………………………126
ナナフシ ……………………… 40
ヒグラシ ……………………… 48

恐竜・古生物

イグアノドン…………………148
オヴィラプトル ………………156
ステゴサウルス ………………152
ティラノサウルス ……………150
トリケラトプス ………………146
パキケファロサウルス ………154
プテラノドン …………………158

植物

ウツボカズラ ………………… 68

その他のいきもの

イカ ……………………………100
クマムシ ……………………… 24
クリオネ ……………………… 98
ダイオウグソクムシ ………… 24
タラバガニ ……………………130
ナメクジ ……………………… 38
ベニクラゲ …………………… 24
ムカデ …………………………122

175

監修 今泉忠明（動物科学研究所所長）
執筆 こざきゆう（動物科学研究所所員）
イラスト ヨシムラヨシユキ
写真 フォトライブラリー
ブックデザイン 千葉慈子（あんバターオフィス）
DTP 株式会社ジーディーシー
校正 タクトシステム

いきもの最強バラエティー
ウソナンデス
～ぼくたち、かんちがいされています！～
2018年4月24日　第1刷発行

発行人　黒田隆暁
編集人　芳賀靖彦
企画編集　杉田祐樹
発行所　株式会社 学研プラス
　　　　〒141-8415 東京都品川区西五反田2-11-8
印刷所　図書印刷株式会社

●この本に関する各種お問い合わせ先
・本の内容については
　Tel 03-6431-1281（編集部直通）
・在庫については
　Tel 03-6431-1197（販売部直通）
・不良品（乱丁、落丁）については
　Tel 0570-000577（学研業務センター）
　〒354-0045 埼玉県入間郡三芳町上富279-1
・上記以外のお問い合わせは
　Tel 03-6431-1002（学研お客様センター）

NDC480　176P　182mm×128mm
ⓒGakken Plus 2018 Printed in Japan

本書の無断転載、複製、複写（コピー）、翻訳を禁じます。
本書を代行業者等の第三者に依頼してスキャンやデジタル化することは、
たとえ個人や家庭内の利用であっても、著作権法上、認められておりません。

学研の書籍・雑誌についての新刊情報・詳細情報は、下記をご覧ください。
学研出版サイト　http://hon.gakken.jp/